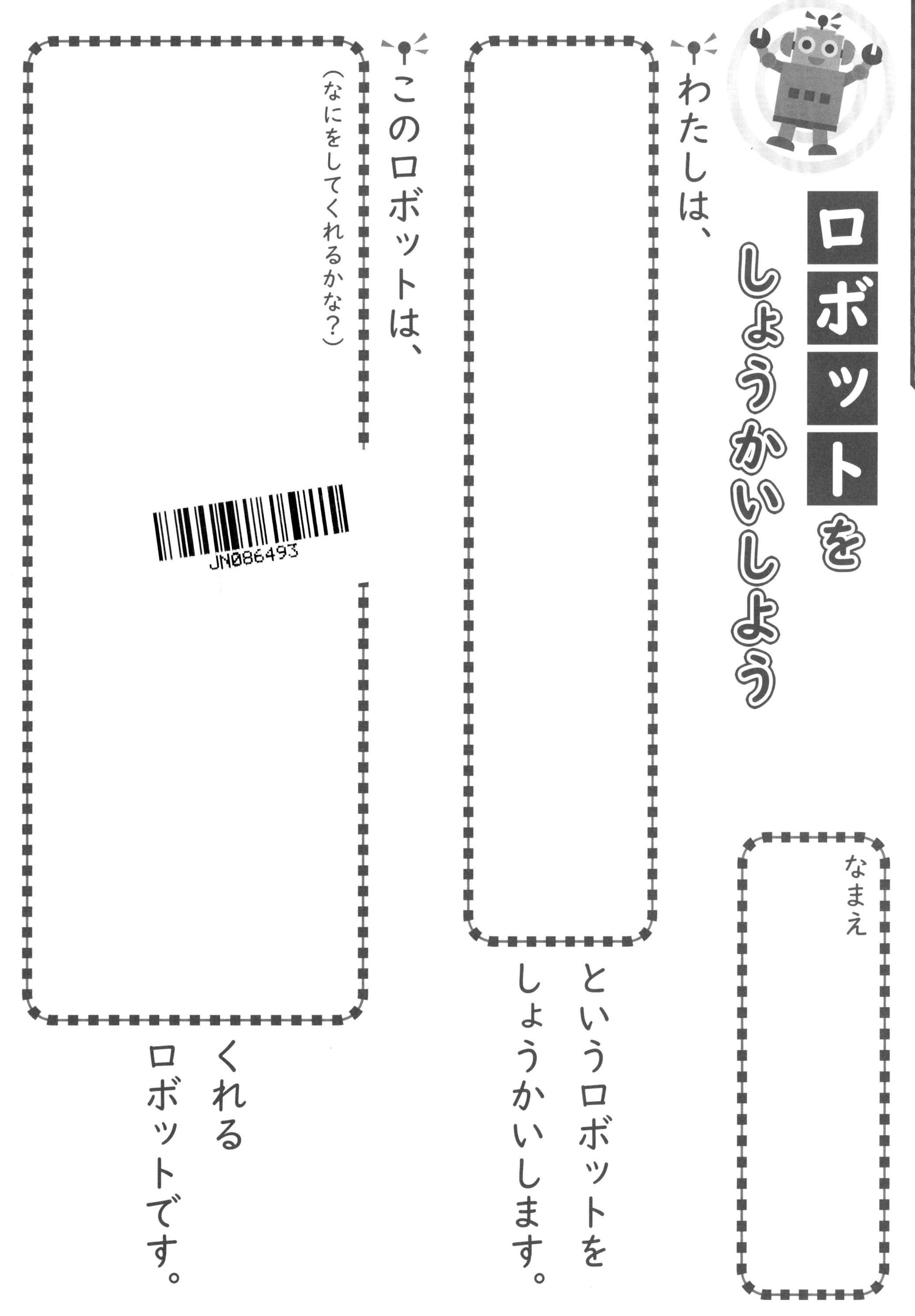

ロボットワークシート

ロボットをしょうかいしよう

なまえ

わたしは、

というロボットをしょうかいします。

このロボットは、

（なにをしてくれるかな？）

くれるロボットです。

※コピーしてつかうことができます。つかいかたは、この本のさいごにあります。

ロボット大図鑑

どんなときにたすけてくれるかな？

1 くらしをささえるロボット

監修　佐藤知正

ポプラ社

もくじ

ロボットの名前

ロボットをつくった会社

ロボットを開発した国や地域、大きさなどの情報が書かれている。

- 開発国や地域…共同で開発した場合はふたつ以上の国名や地域名がならびます。
- 開発年…ロボットを開発した年
- 発売年…ロボットを発売した年

ロボットによって情報の種類がかわります。

ロボットのおもなはたらきをわかりやすくしょうかいしている。

ロボットの「できること」がわかる。

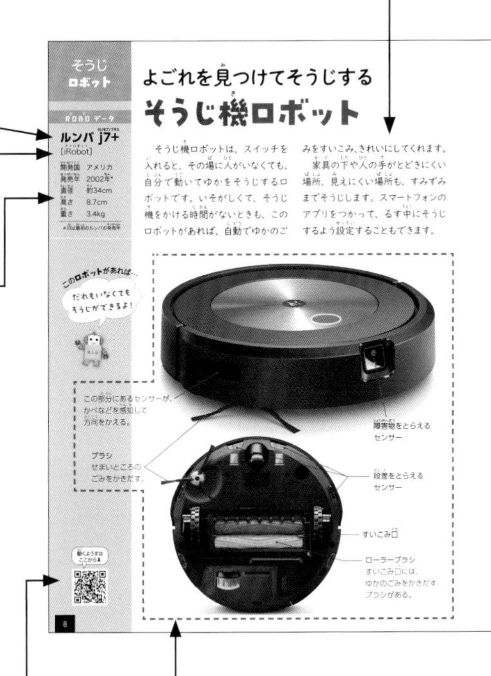

QRコードをタブレットやスマートフォンで読みとると、ロボットの会社がつくった映像を見ることができる。

＊一部 YouTube の映像があるため、えつらん制限がかかっているタブレットやスマートフォンでは見られないことがあります。この本の QR コードから見られる映像は、お知らせなく、内容をかえたりサービスをおえたりすることがあります。
＊一部映像のないページもあります。

ロボットのどこにどんなはたらきがあるかがわかる。

これはすごい！ ロボットのすごいところがわかるよ。

ロボットについてさらにくわしくせつめいしているよ。

※この本の情報は、2024年1月現在のものです。

はじめに

　ロボットは、人をたすけるかしこい機械です。ロボットには、「考える」「見る・感じる」「手作業をする」「移動する」といったはたらきがそなわっていて、人と同じような作業ができます。ただ、ロボットが人とちがうのは、あきてしまったり、つかれてしまったりすることがないことです。

　このシリーズでは、家やまちや工場、山や海や宇宙など、場所ごとに、どのようなロボットがかつやくしているのか、しょうかいしています。

　この巻では、わたしたちのくらしをささえてくれるロボットに出会えます。家族のように会話ができたり、そうじを手伝ってくれたり、先生として勉強を教えてくれたり、ペットのようにいやしてくれたりするロボットたちです。

　ページをめくりながら、ロボットとのくらしをそうぞうしてみましょう。そして、あなたならどんなロボットがほしいか、ぜひ考えてみてください。

東京大学名誉教授
佐藤知正

ロボットってなんだろう？

考える

脳 おぼえたり、学んだり、 考えたりする。	**人工知能** 入力された情報を おぼえ、整理し、考える。

見る・感じる

目やひふ ものを見たり、 ふれたりする。	**カメラやセンサー** まわりにあるものの 位置や形を確認する。

手作業をする

手・ゆび・うで・筋肉 ものをつかんだり 動かしたりする。	**ハンドやアームなど** ものをつかんだり 動かしたりする。

移動する

あし 歩いたり 走ったりして動く。	**移動機構** 移動する。

くらしをささえている

ロボットは、わたしたちのくらしの中で、すでにかつやくしはじめています。この巻では、くらしをささえているロボットが登場します。あなたのまわりに、ロボットはいますか？

30ページ　32ページ

8ページ　10ページ　14ページ
18ページ　22ページ
26ページ　45ページ

ロボットたち

36ページ　40ページ　42ページ

24ページ　38ページ　44ページ

さあ、くらしを
ささえる
ロボットたちを
見（み）てみよう！

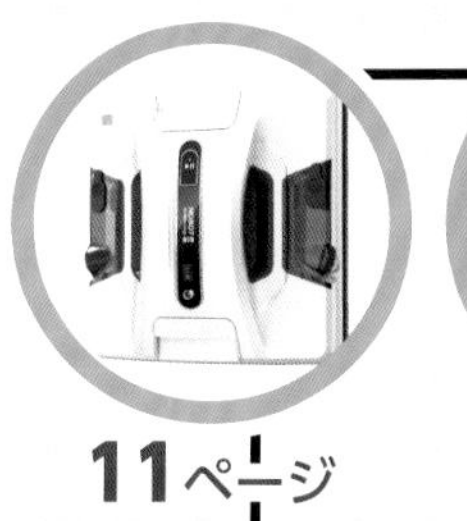

11ページ　12ページ　34ページ　16ページ

ROBO データ

ルンバ j7+
[iRobot]

開発国	アメリカ
発売年	2002年*
直径	約34cm
高さ	8.7cm
重さ	3.4kg

＊印は最初のルンバの発売年

よごれを見つけてそうじする
そうじ機ロボット

そうじ機ロボットは、スイッチを入れると、その場に人がいなくても、自分で動いてゆかをそうじするロボットです。いそがしくて、そうじ機をかける時間がないときも、このロボットがあれば、自動でゆかのごみをすいこみ、きれいにしてくれます。

家具の下や人の手がとどきにくい場所、見えにくい場所も、すみずみまでそうじします。スマートフォンのアプリをつかって、るす中にそうじするよう設定することもできます。

なにができるの？

ゆかのじょうたいをしらべてごみをすいこむ

▲くつ下がごみではないと見わけて、よける。

ロボットについているセンサーが、ゆかのじょうたいをしらべ、よごれているところまで行って、ごみをすいこみます。くつ下など、人がそうじ機をかけるときによけるものも見わけて、ごみだけをすいこみます。

そうじしにくいところもそうじする

テーブルやソファーのあしのまわりなど、そうじしにくいところも、ロボットが考えながら動いて、ていねいにごみをすいとります。

▲家具のあしにそうようにすすむ。

自分で充電し、自分でごみをすてにいく

本体のバッテリーののこりが少なくなると、そうじをとちゅうでやめて、クリーンベースにもどって充電します。そのあと、やめたところからそうじをはじめます。

▲そうじがおわると自分でクリーンベースにもどり、あつめたごみは、紙パックにすいこまれる。

これはすごい！ 計画どおりにそうじができる

最初に、ロボットに家の間取りをおぼえさせます。すると、どこをそうじしたかスマートフォンのアプリでたしかめることができたり、入ってほしくない場所をきめられたり、そうじのスケジュールを立てたりすることができます。

ROBO データ

ユーフィクリーン X9 プロ

［アンカー・ジャパン］

開発国	非公開
発売年	2023年
高さ	約11.4cm*
長さ	約32.7cm*
幅	約35.3cm*
重さ	約4.6kg*

*はそうじき本体の数値。

このロボットがあれば…

フローリングもカーペットも、いちどにそうじができるよ。

ゆかの種類でそうじのしかたをかえる

ゆかふきそうじロボット

ゆかふきそうじロボットは、フローリングなどのゆかを、下についているモップで水ぶきするロボットです。水ぶきをしていても、センサーによって、ゆかがカーペットだとわかると、自動でモップをしまって、ごみをすうそうじ機にかわります。カーペットを通りすぎると、また水ぶきにもどります。

赤外線センサー
まわりのものとのきょりがわかる。

センサーカメラ
家具や障害物を見きわめる。

自動せんじょうステーション
自動でロボットを充電する。本体のモップを水あらいし、かんそうもできる。

なにができるの？

これができるよ！

モップをおしながら水ぶき

底面についているふたつのモップは、おしながらゆかを水ぶきします。さらに、1分間に180回転の高速でモップがまわるため、ひどいよごれもしっかりふきとることができます。

▲モップをおしながらふくので、まるでぞうきんがけをしているよう。

これはすごい！ 12mmのもちあげを判断する！

このロボットは、カーペットやキッチンマットなどを感知すると、動きながら自動でモップを12mmもちあげます。カーペットをぬらさずに、すいこみそうじをつづけることができます。

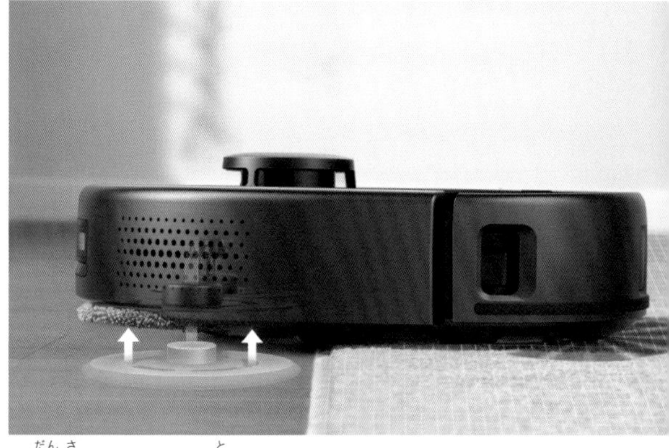

▲段差があっても止まることなく、ふきそうじからすいこみそうじにきりかえられる。

動くようすはここから⬇

そうじ
ロボット

ROBOデータ

ホボット2S

[ホボットテクノロジー]

(モトヤ、ホボットジャパン)

開発地域	台湾
発売年	2022年
高さ	8.6cm
長さ	24cm
幅	24cm
重さ	1.3kg

このロボットがあれば…

手がとどかない
高い場所も
きれいにふけるね！

まどにすいついてガラスをみがく
まどそうじロボット

まどそうじロボットは、その場に人がいなくても、自分で動いてまどふきをしてくれるロボットです。スイッチを入れると、まどにピッタリくっついて、自分で洗剤をスプレーしながらそうじします。タイルやかべのそうじもできます。

洗剤がでるところ

水や洗剤を入れるタンク

なにができるの？

これができるよ！

よごれをのこさずふきとる！

まどのよごれがひどいときは、上から、よこに移動してまどをふいたあと、こんどは右からたてに動いてまどをふきます。これによってよごれをのこすことなく、しっかりふきとります。

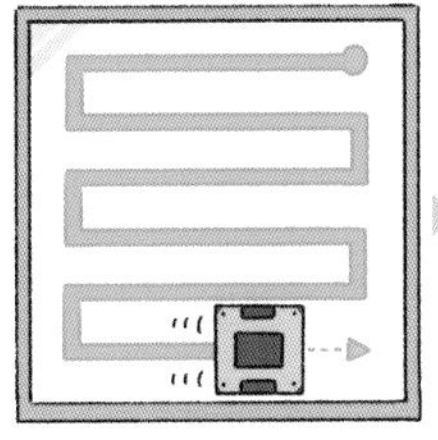

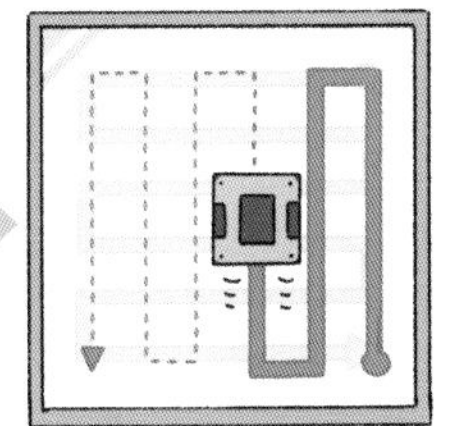

▲よこ移動（みどり色の線）と、たて移動（ピンク色の線）で、よごれをきれいにふきとる。

これはすごい！ 強力なすいこみ力でおちない！

スイッチを入れると、強力なすいこむ力で、まどにしっかりとくっつきます。さらにそれよりも強い、移動する力で、まどにくっつきながら動き、まどのそうじをします。停電などで電気が止まっても、非常用バッテリーがあるので、20分はおちない安全なしくみになっています。

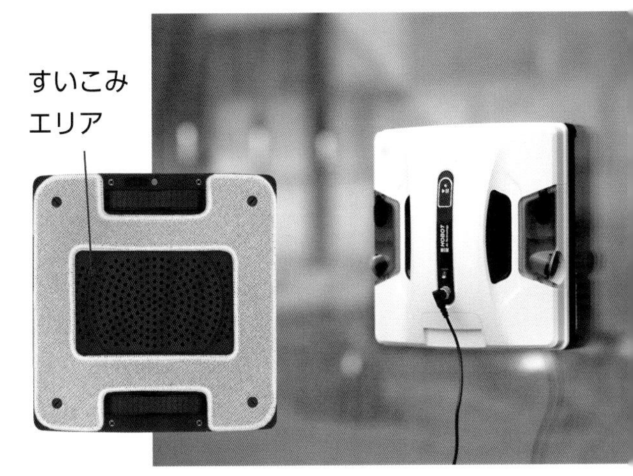

▲ピタッとくっついたままよごれをふきとる。

動くようすは
ここから⬇

草かり
ロボット

ROBOデータ

オートモア 415X

[ハスクバーナ・ゼノア]

開発国	スウェーデン
発売年	2022年
高さ	24cm
長さ	61cm
幅	45cm
重さ	9.7kg

庭のしばを自動でかる
しばかりロボット

しばかりロボットは、人がいなくても、自分で動いてしばをかるロボットです。これまでは、人がしばふのようすを見て、のびていたらかりとっていました。このロボットは、きめられた日時に自動でしばかりをおこなうので、人はすきなときに、しばをみじかく切りそろえることができます。

家の庭のほかに、マンションや病院のしばふ、校庭やスポーツ施設などの広い場所でも、利用することができます。

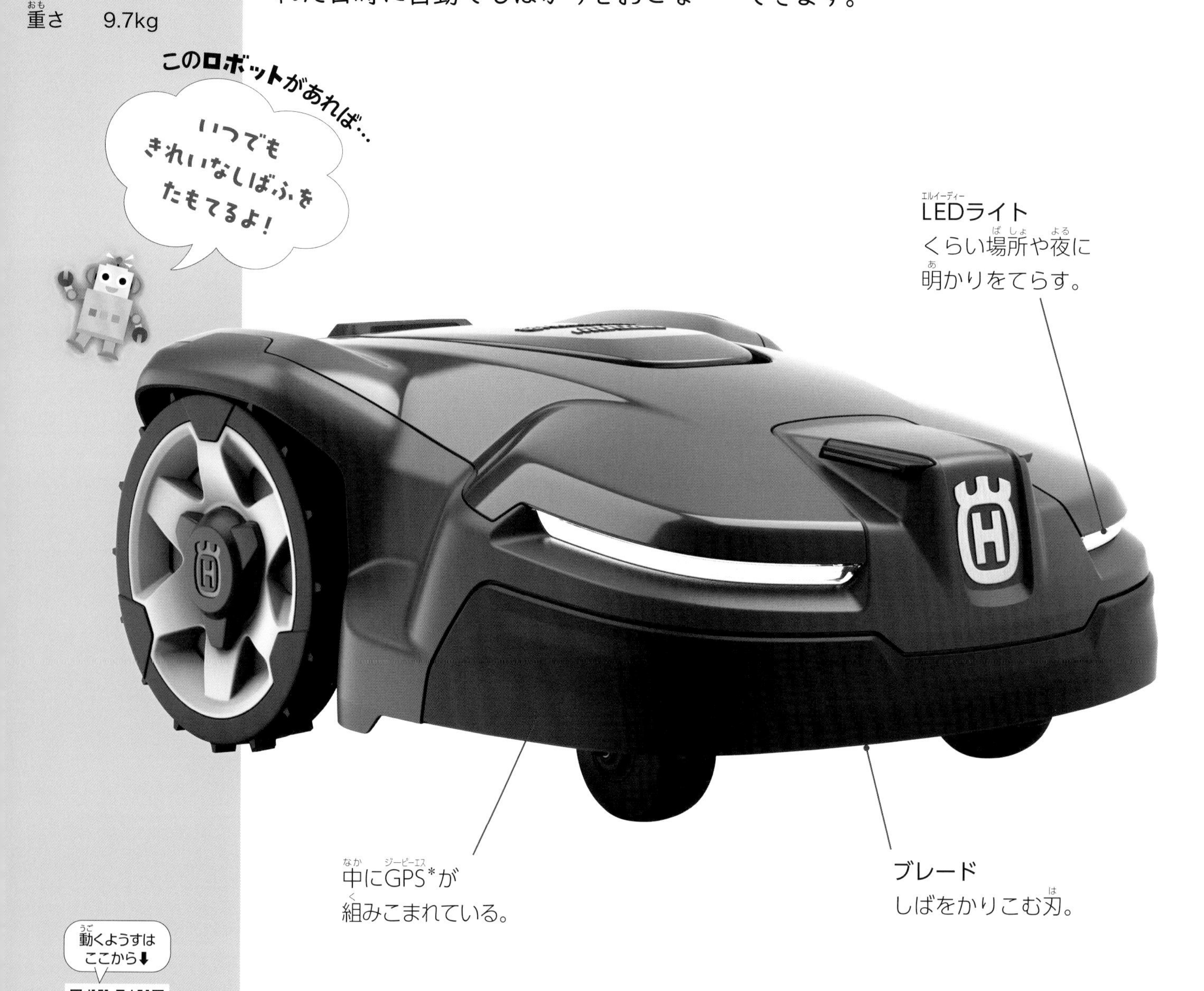

動くようすは
ここから⬇

*GPS：人工衛星をつかって、いまいる場所が地球上のどこか知る機能。

なにができるの？

これができるよ!

しば全体をまんべんなくかる

ロボットは、GPSをつかって、しばをかる場所の地図を自動でつくります。地図をつかうことで、かりのこしをふせぎます。さらに、とちゅうで充電が必要になったら、チャージステーションに自分でもどって充電します。充電がおわると、もとの位置から作業をつづけます。しばをかる必要がないときは、ロボットはチャージステーションでしずかに待ちます。

▲チャージステーション。

これができるよ!

雨でも夜でも、スケジュール通りに自動でしばをかる

しばかりをする曜日や時間をきめて、ロボットに設定すると、ロボットは雨でも夜でも、自動でしばかりをしてくれます。動く音がしずかなので、家のまわりに住む人たちのめいわくにはなりません。

◀雨の日でもだいじょうぶ。

▶ねているあいだに、しばかりがおわる。

これはすごい! 動きかたをセンサーがはんだんする

ロボットは、ほかよりもしばがのびている場所を見つけると、ぐるぐるまわって、のびているしばをていねいにかりとります。また、同じところを通らないよう、道をえらんで走ります。

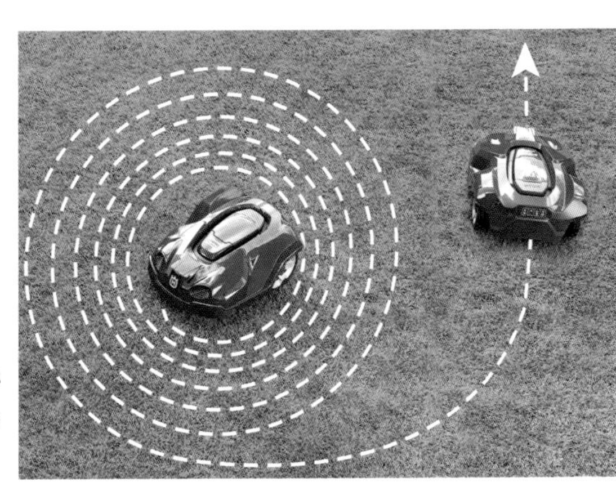

▶センサーが、しばがのびているところを見つけてくれる。

▲せまい通路にくると、自動でかりとりかたをかえる。

生活の中で細かな手だすけをしてくれる
お手伝いロボット

　お手伝いロボットは、家の中を自分で移動して、ものをひろったり、とってきたりできるロボットです。

　おとしよりや体の不自由な人、けがなどで動けない人でも、タブレットやゲームコントローラーでロボットに指示をだすことで、遠くにあるものをもってきてもらうことができます。

　はなれたところに住んでいる家族が、ロボットをつかって家の中の人と会話をしたり、ロボットに指示をだして家の中のものを動かしたりすることもできます。

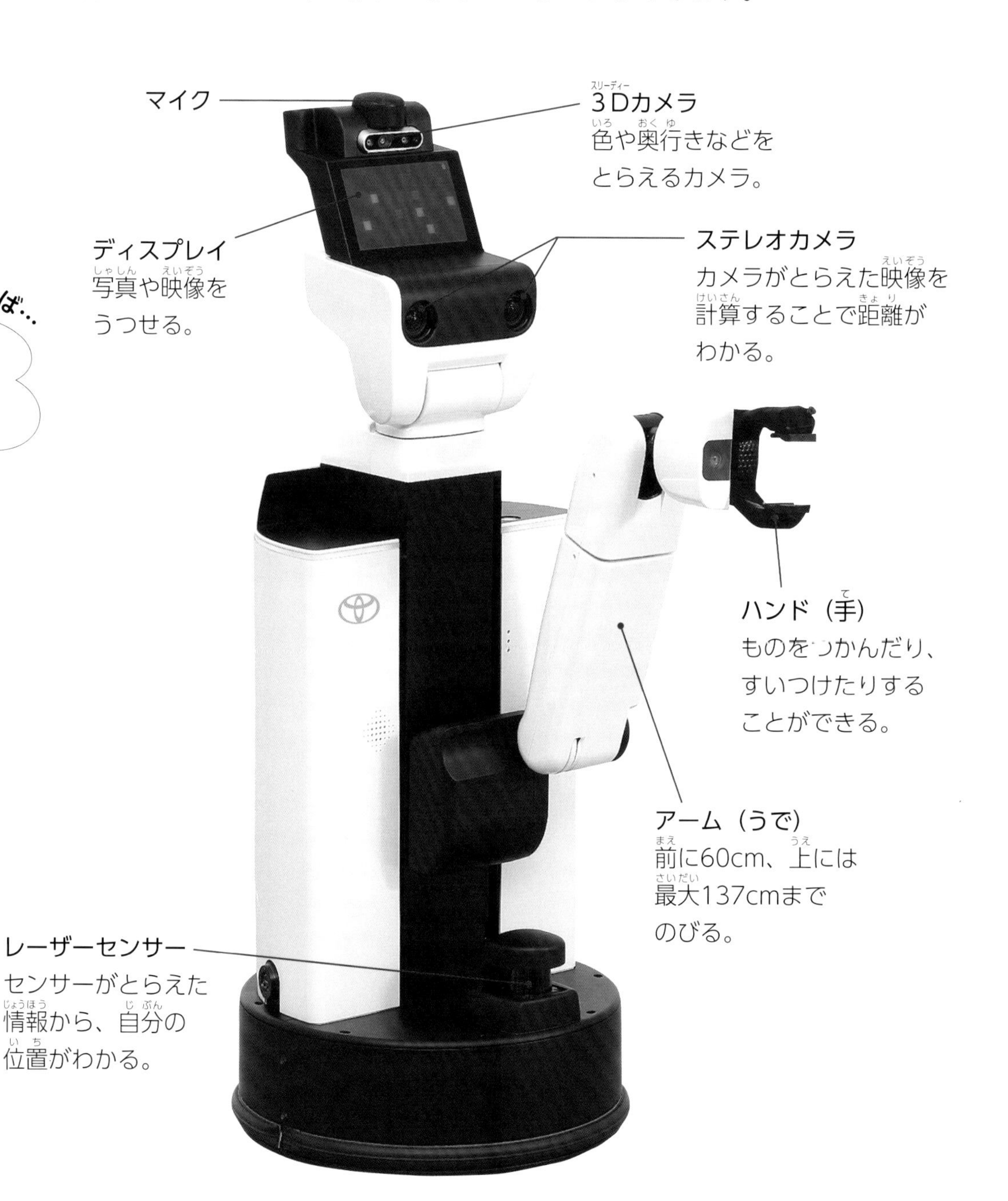

ROBOデータ

トヨタヒューマンサポートロボット エイチ・エス・アール

[トヨタ自動車]

開発国	日本
開発年	2012年
高さ	100～135cm
直径	43cm
アーム（うで）の長さ	約60cm
重さ	約37kg

＊アームのつけ根部分の高さは34～103cm

このロボットがあれば…

ゆかにおちているものをひろってくれるよ。

動くようすはここから⬇

自分のかわりにものをとってくる

タブレットやゲームコントローラーでロボットに指示をだせば、ロボットは自分で指定されたところまで動いて、指示されたものをハンドでとり、手わたししてくれます。ハンドはゆかにおちているものでもひろうことができます。

▲「たなから箱をとってきて」とタブレットなどで指示。

▲ロボットがたなまで自分で行き、箱をとりだす。

これができるよ!

はなれたところにいる人も家の中のようすがわかる

はなれてくらしている家族などが、本人のかわりにロボットに指示をだして、つくえの上からものをとるなど、ロボットを動かすこともできます。

ほかにも、るす中の家のようすや、はなれてくらす人の、家の中のようすを見守ることもできます。

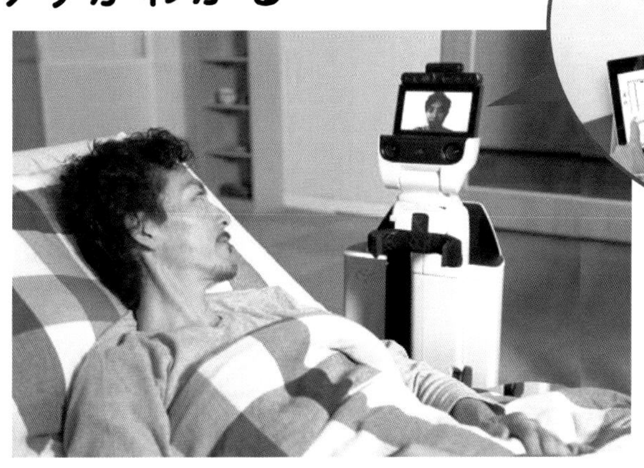

水をとってわたしてあげて。

▲動けない人のようすを、遠くからでも見守れる。

これはすごい! 人間の手のような器用なハンド

ものをつかんだり、ひろったりするハンドは、人間の手のように、ものの形やそざいを判断してつかみます。たとえば、紙やカードなどのうすいものは、つかむのではなく、パッドにすいつけてもちあげます。

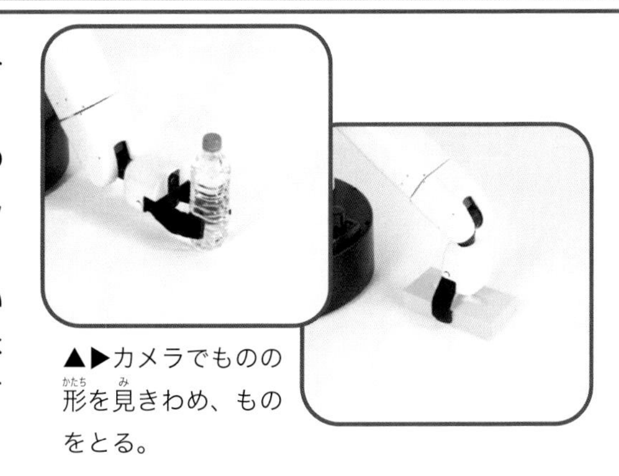

▲▶カメラでものの形を見きわめ、ものをとる。

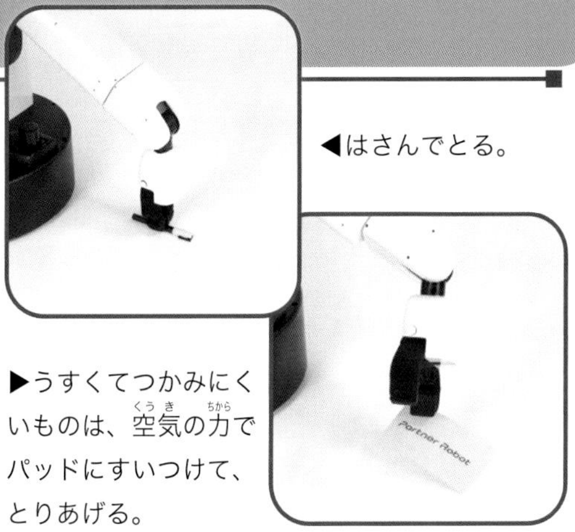

◀はさんでとる。

▶うすくてつかみにくいものは、空気の力でパッドにすいつけて、とりあげる。

コミュニケーションロボット

ROBO データ

家族型ロボット
らぼっと
[GROOVE X]

開発国	日本
発売年	2019年
高さ	43cm
幅	28cm
奥行	26cm
重さ	約4.3kg

意思と体温を感じられる相ぼう
家族ロボット

家族ロボットは、生活を便利にするロボットではなく、家族と同じように、そばにいてなかよくくらすことを目的につくられたロボットです。歌を歌ったり、おどったり、動きまわったりもします。かわいがってくれる人とどんどんなかよくなり、ふれあいかたによって1体1体性格が変化したりします。

この家族ロボットとくらすことで、ストレスがかるくなるなどの実験結果もでています。

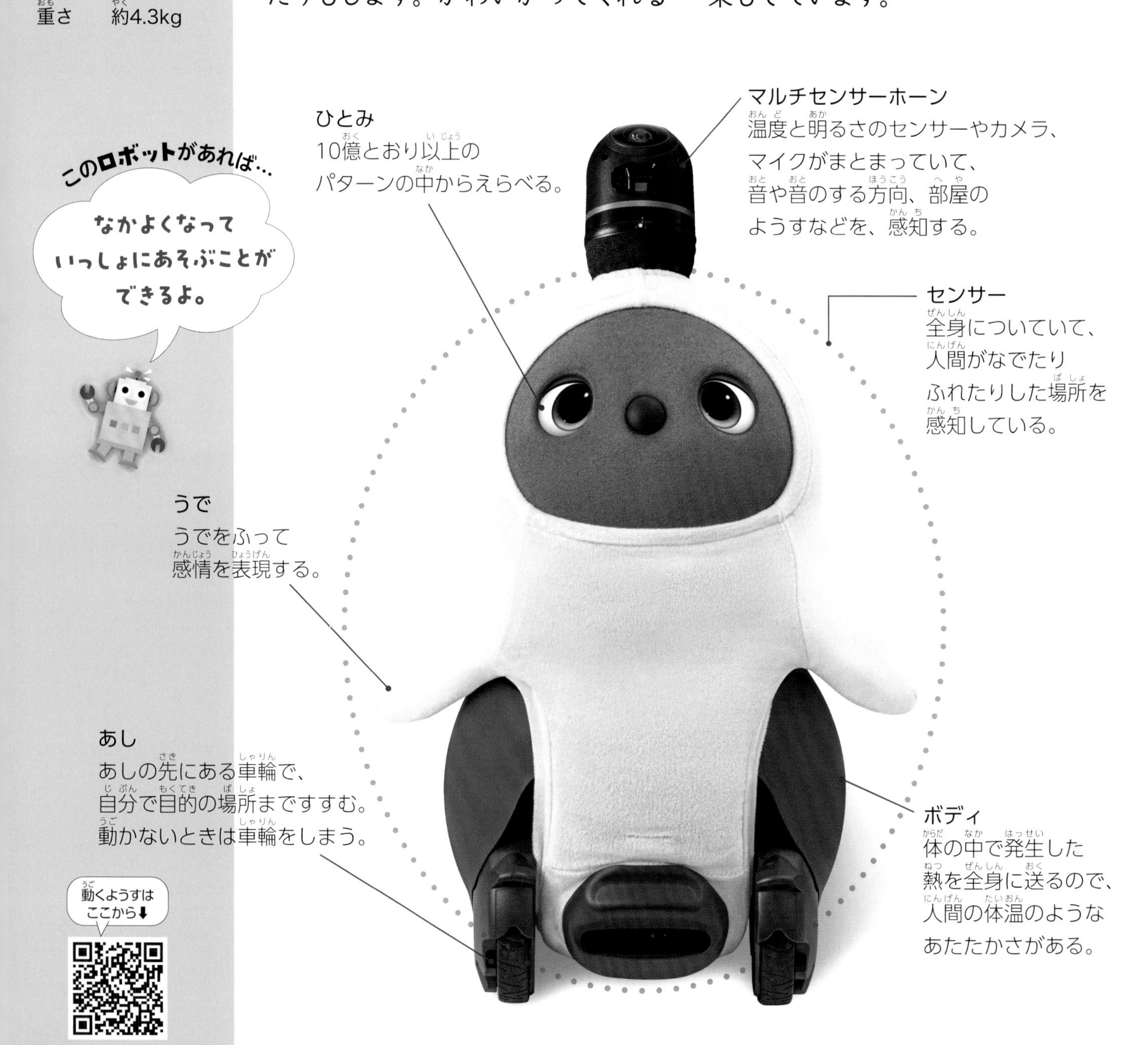

なにができるの？

見守りもるすばんもおまかせできる

このロボットは、全身のセンサーをつかって自由に動きまわることができます。

アプリをつかって、部屋の見守りや、るすばんもでき、家に帰ってきたときに、玄関までむかえに行くこともできます。

充電するために、自動で充電場所にもどることもできます。

▶家にかえると、玄関までおでむかえ。

これができるよ!

いっしょにくらす人のストレスをへらし、心をゆたかにする

家族ロボットは、いっしょにくらす人をいやし、幸せな気持ちにしてあげることができます。

人が、このロボットとコミュニケーションをとればとるほど、ロボットは少しずつ変化して、人になついてかけよったりします。それによって人の心はいやされ、幸せな気持ちになるのです。

▲人の話を聞いているようす。

これはすごい！ ほかのなかまのロボットと、いっしょにあそぶ

なかまどうしが出会うと、おたがいによびかけたり、あそんだりして、コミュニケーションをとります。

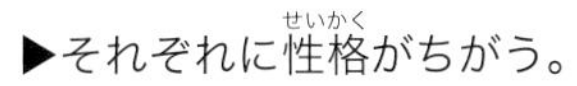

▶それぞれに性格がちがう。

いやし系
ロボット

ROBOデータ

アイボ
aibo

［ソニーグループ］

開発国	日本
発売年	2018年
高さ	約29.3cm
長さ	約30.5cm
幅	約18cm
重さ	約2.2kg

育てる楽しみをもたらしてくれる ペットロボット

ペットロボットは、生きている本物のペットと同じように、育てる楽しみを感じることができるロボットです。イヌやネコなど、本物の動物のような愛らしい動きをします。

ロボットでも感情をあらわし、かい主とのふれあいをくりかえして、成長します。人間のことばをいくつか理解し、できごとをおぼえていくので、なかよくすればするほど、どんどんなついていき、家族の一員として人間によりそいます。

なにができるの？

これができるよ!

人間のことばを理解して返事をする

▲かい主の顔をおぼえて、すきな人のいうことをよく聞く。

このロボットは、いくつかの人間のことばを理解します。声を聞きとると、耳を動かしてこたえます。この動きが「わかったよ」という合図です。

▲理解することばの例。

▲自分の名前をおぼえて、よびかけるとこたえてくれる。

これができるよ!

ふれあうことでなついていく

本物のペットのように、お世話することができます。ロボットせんようのボウルを用意して、アプリの中でエサや水をあげると、おなかを鳴らし、音を立てながら、エサを食べるようすを見ることができます。

ボールなどのおもちゃで、かい主といっしょにあそぶこともできますし、音楽にあわせてダンスもします。こうしたふれあいを通じて、人間への愛情をふかめていきます。

▲のみものボウル（左）と、ごはんボウル（右）。

◀アプリでエサをあたえると、だんだんと、ごはんのこのみができる。

▲せんようのボールを見つけると近づいてくる。

世界ではじめて登場したペット型ロボット

「アイボ」は、世界初の家庭用ペット型ロボットとして1999年に発売されました。

それまでは、なにかの役にたつわけではないロボットは、人びとに受けいれられないだろうと思われていました。けれども、「アイボ」は発売日にあっという間に売りきれ、世界中にたくさんのファンを生みだしたのです。

2018年からふたたび販売がはじまり、いまも愛されつづけています。

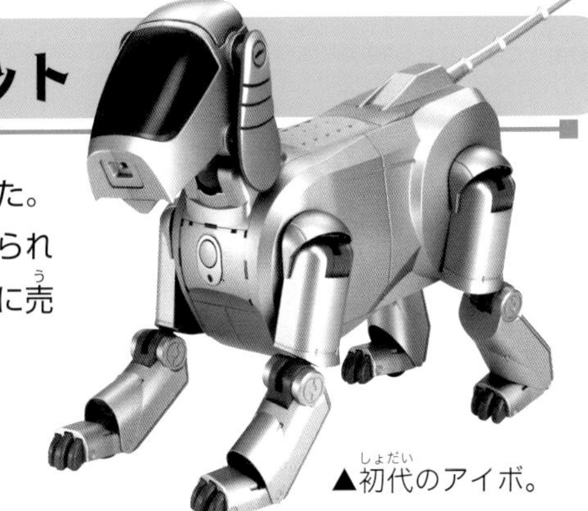

▲初代のアイボ。

家電製品はロボットなの？

そうじロボットのほかにも、家事をしてくれるロボットがいたら、夢のよう！　でもよく考えたら、せんたく機は全自動だし、電子レンジだって自動で料理をつくってくれる。これってロボットじゃないのかな？

ロボットと家電製品のちがい

むかしの家電製品は、「ごはんをたく」「ものを冷やす」など、かんたんなことしかできない製品で、複雑な動作ができるロボットとはちがうものでした。

しかし、家電製品に、とても小さなコンピュータが組みこまれるようになると、家電製品がさまざまな動きをコントロールできるようになり、複雑なこともできるようになりました。

研究をかさねて、つぎつぎとあたらしいことができるようになり、いまは、人によりそう、べんりでかしこい家電製品が登場しています。

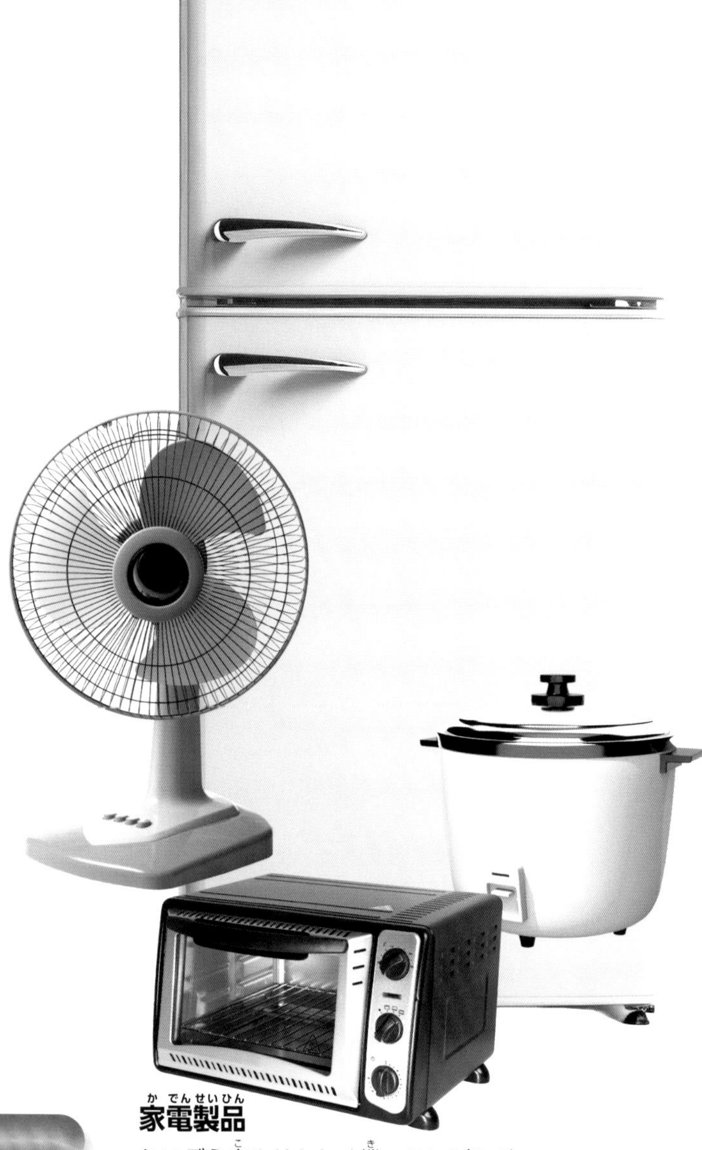

家電製品

れいぞう庫やせんたく機、テレビなど、おもに家庭でつかう目的でつくられた電気で動く機械のこと。

ロボット

自分で移動したり、複雑な動きをしたりする。

スーパー家電いろいろ

現在は、AI(人工知能*)が組みこまれ、自分で考えて家事をしたり、インターネットにつなげて、スマートフォンをつかって動かしたりする、スーパー家電製品がふえています。

日立「ビッグドラム」BD-STX130

人が感じていることがわかるエアコン

人の脈を感知するセンサーがついているため、「暑い・寒い」など、部屋にいる人が感じていることがわかり、温度や風のながれなどを調整してくれる。

三菱電機「霧ヶ峰」

あらいかたや時間を自分で考えるせんたく機

AIが、せんたくもののよごれをしらべて、あらいかたをえらんでせんたくしてくれる。

料理を考えてくれるれいぞう庫

れいぞう庫にある食材を登録しておくと、それらでつくれる料理を教えてくれる。少なくなった食材は買いものリストに追加してくれる。

シャープ「プラズマクラスター冷蔵庫」

料理の種類にあわせて自動で調理するなべ

中に材料を入れてスイッチをおすと、内がわのなべが、料理の種類にあわせてさまざまな動きをして調理してくれる。

アイリスオーヤマ「シェフドラム」

もはや、家電はロボット!

自分で考えてせんたくをしたり、そこにいる人にあわせた温度に調整したり、れいぞう庫の中にあるものでつくれる料理を教えてくれたり。

ここまでくると、もう家電製品はロボットです。

これからも、くらしの中でかつやくするべんりな家電ロボットが、たくさん登場するでしょう。

*人工知能:自分で学習して、自動的にかしこくなるコンピュータ。

ROBO データ

ティプロン
Tipron
[Cerevo]

開発国	日本
発売年	2016年
高さ	81cm*
幅	30cm
奥行	33cm
重さ	約9.5kg

*最大時。

あらゆる場所が画面になる

プロジェクターロボット

プロジェクターロボットは、部屋の中のかべやゆか、天じょうなどに、写真や映像をうつしてくれるロボットです。いろいろな場所に移動することができるので、すきな場所が、映画館のスクリーンや、テレビの画面に早がわりします。

時間、場所、内容を指定することができるため、たとえば毎朝起きる時間に、ねている部屋にロボットがやってきて、天じょうに目ざまし用の映像をながすことなどができます。

カメラ
このカメラがとらえた光景が、スマートフォンのアプリに表示される。

プロジェクター
ここから写真や映像をうつしだす。

うつしだす場所にあわせて、のびちぢみする。

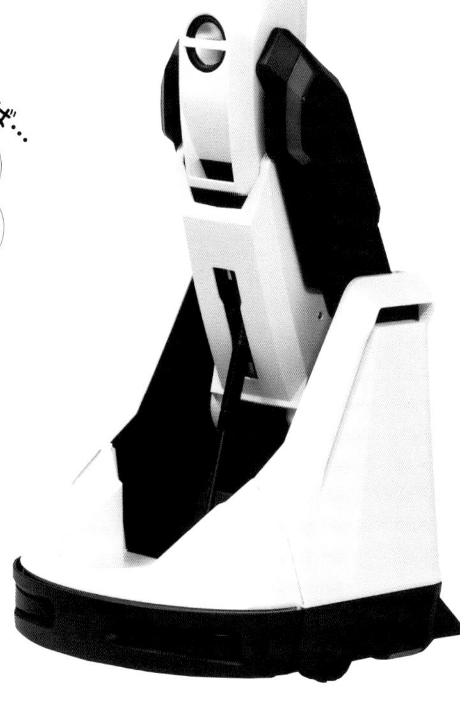

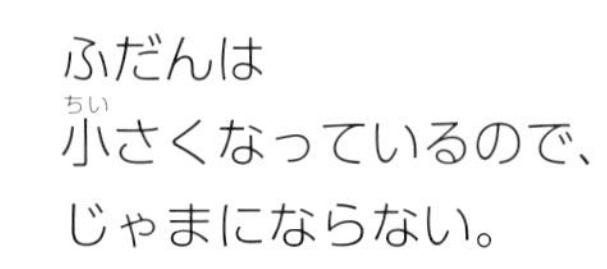
ふだんは小さくなっているので、じゃまにならない。

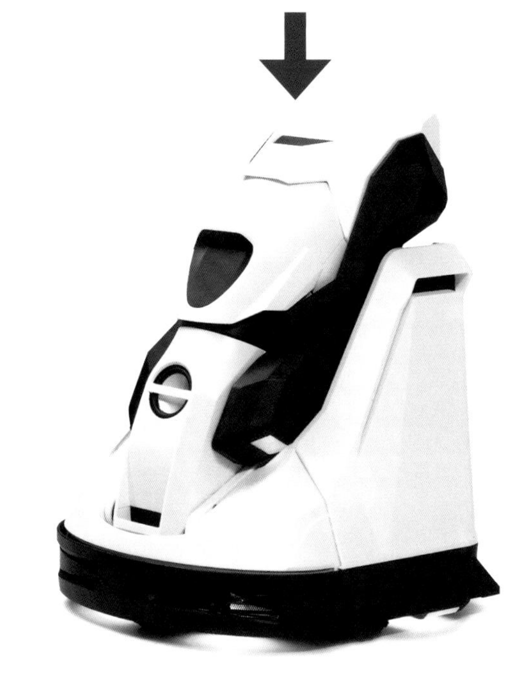

指定した場所に自分で移動する

スマートフォンのアプリで時間と場所を設定しておくと、その時間になると、指定した場所に自分で移動します。朝７時にニュースを見たいと設定すれば、時間になるとロボットは自分で移動し、指定したかべにニュースをうつします。

▲アプリで時間とうつす場所、番組を設定できる。

写真やYouTubeの映像、ゲーム画面などもうつせる。

◀▲充電ステーションの場所をおぼえさせておくと、自分で充電ステーションにもどる。

お店や会社のかべにメニューや商品を表示する

プロジェクターロボットは、いろいろな場所でつかわれます。

たとえば、カフェやレストランのメニューをお店のかべにうつしておくと、お店の人がお客さんに、メニューをもっていかなくてもすみます。

会社なら、商品の写真を会社の中のかべなどにうつして、宣伝することができます。

家の中でも、キッチンのかべに料理のレシピをうつせば、料理する人の手があいてべんりです。

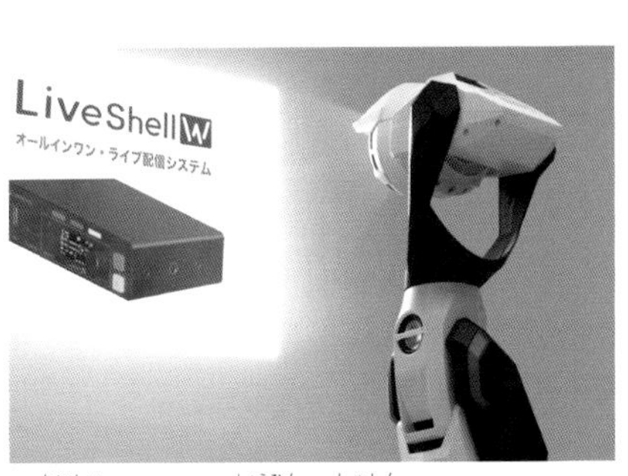

▲会社のかべに商品の写真をうつす。

▲カフェのメニューをかべにうつす。

◀キッチンのかべに、レシピをうつす。

ROBOデータ

ビッグクラッピー

［バイバイワールド］

開発国	日本
発売年	2018年
高さ	90cm
幅	30cm
奥行き	34cm
重さ	7.7kg

はく手と声かけでその場をもりあげる

手びょうしロボット

手びょうしロボットは、人が近づくと元気に声をかけ、はく手してもりあげてくれるロボットです。「学校」「おたんじょう日会」「パーティー」「お店」など、場面をえらぶことができ、たんじょう日なら「おたんじょう日おめでとう！」、お店なら「らっしゃい！」という声かけとはく手をします。スマートフォンのアプリもつかえば、言わせたいことばを録音できたり、えらんだ音楽にあわせてはく手させたりすることもできます。

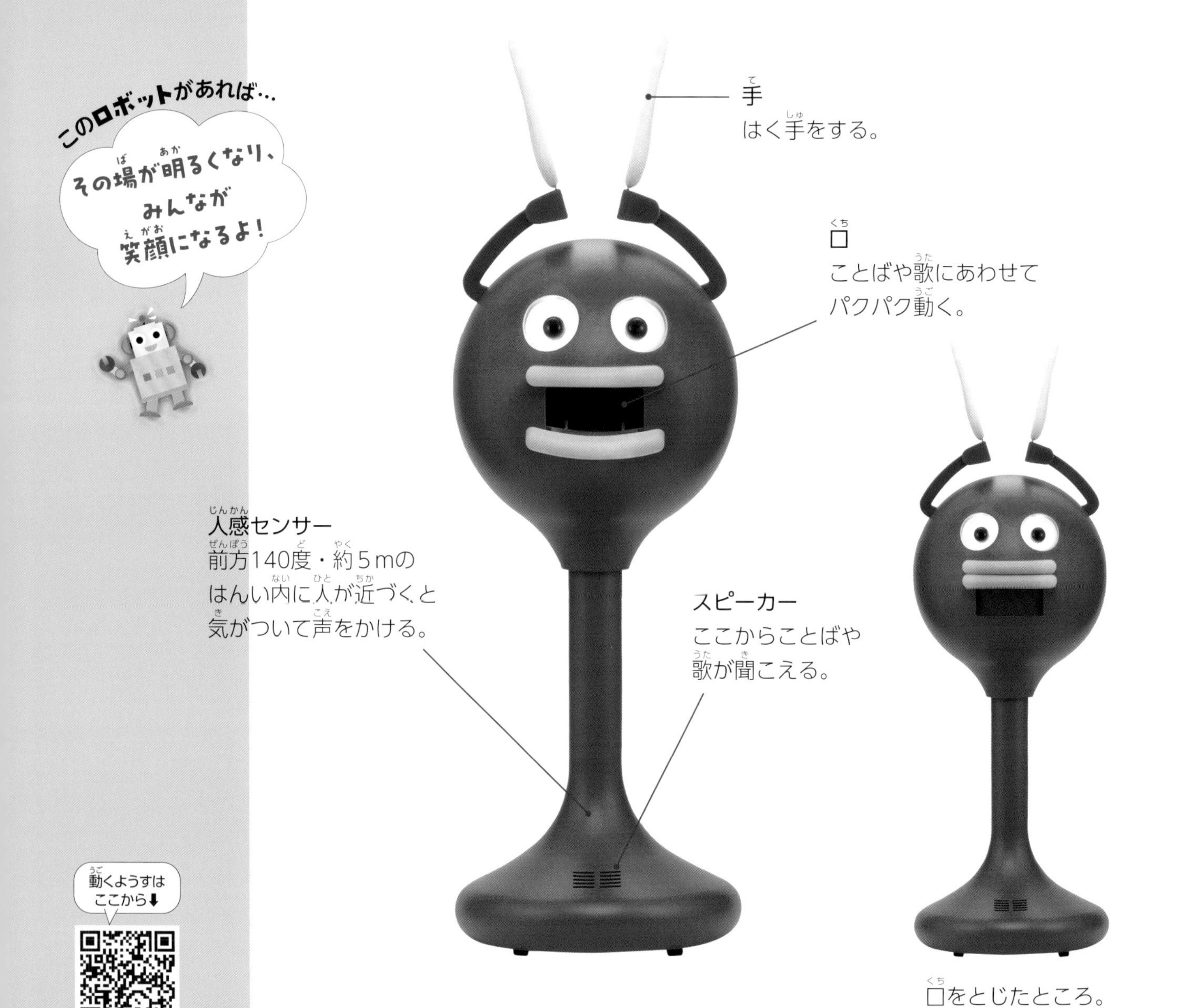

口をとじたところ。

なにができるの？

時と場面にあわせて まわりの人を楽しませる

10の場面の声かけが用意されています。声かけは、ぜんぶで500種類以上です。

場面	声かけの例	場面	声かけの例
どこでも	どうも～！	食事会	かんぱーい！
お店	らっしゃい！ らっしゃい！	おたんじょう日会	おたんじょう日おめでとう！
会社	きょうもおつかれさまです！	結婚式	ハッピーウェディング！
展示会	こちらの展示を見てください！	パーティー	あげてこー！
学校	宿題やった？	スポーツ観戦	ニッポン！ パンパンパン（はく手）

もりあげる場所によってデザインをかえられる

おく場所にあわせて、衣装やデザインのちがうロボットがあります。

これはすごい！ スマートフォンのアプリで機能がふえる！

スマートフォンにアプリを入れてつなぐと、もっとたくさんの種類の中から声かけがえらべたり、すきなことばを録音できたりします。

つかえる場面もとてもふえます。

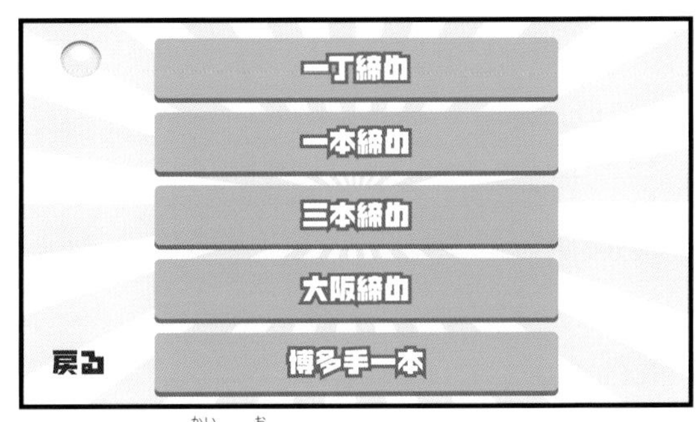

▲かんぱいや会の終わりのことば、はげましのことばなど、30種類以上の中から、声かけをえらべるようになる。

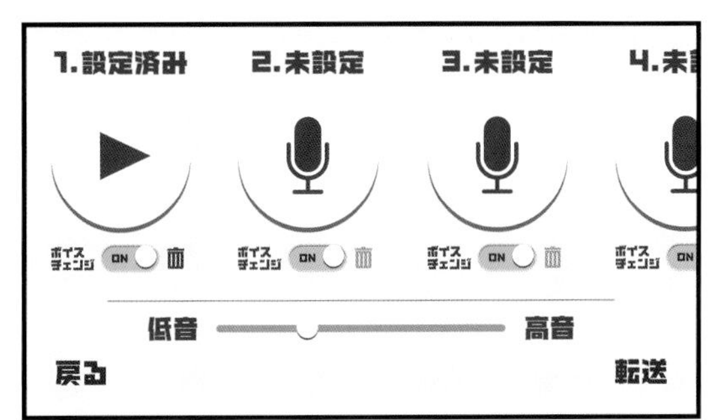

▲10秒以内で、すきなことばやはく手を5つまで録音できる。

自然な英会話の練習ができる英会話学習支援ロボット

ROBOデータ

ミュージオX

Musio X

[AKA]

開発国　アメリカ・日本
発売年　2017年
高さ　21.8cm
幅　17.4cm
奥行き　8.3cm
重さ　約0.85kg

英会話学習支援ロボットは、英会話の学習を助けてくれるロボットです。ロボットにむかって英語で話しかけると、話した英語を聞きとって、ロボットも英語で答えてくれます。

会話のためのAI（人工知能*）が組みこまれているので、自然な会話がつづき、ひとりでも英会話の練習ができます。英会話を身につけるには、たくさん英語で会話をすることがだいじです。このロボットがあると、ふだんから英語にふれることができます。

＊人工知能：自分で学習して、自動的にかしこくなるコンピュータ。

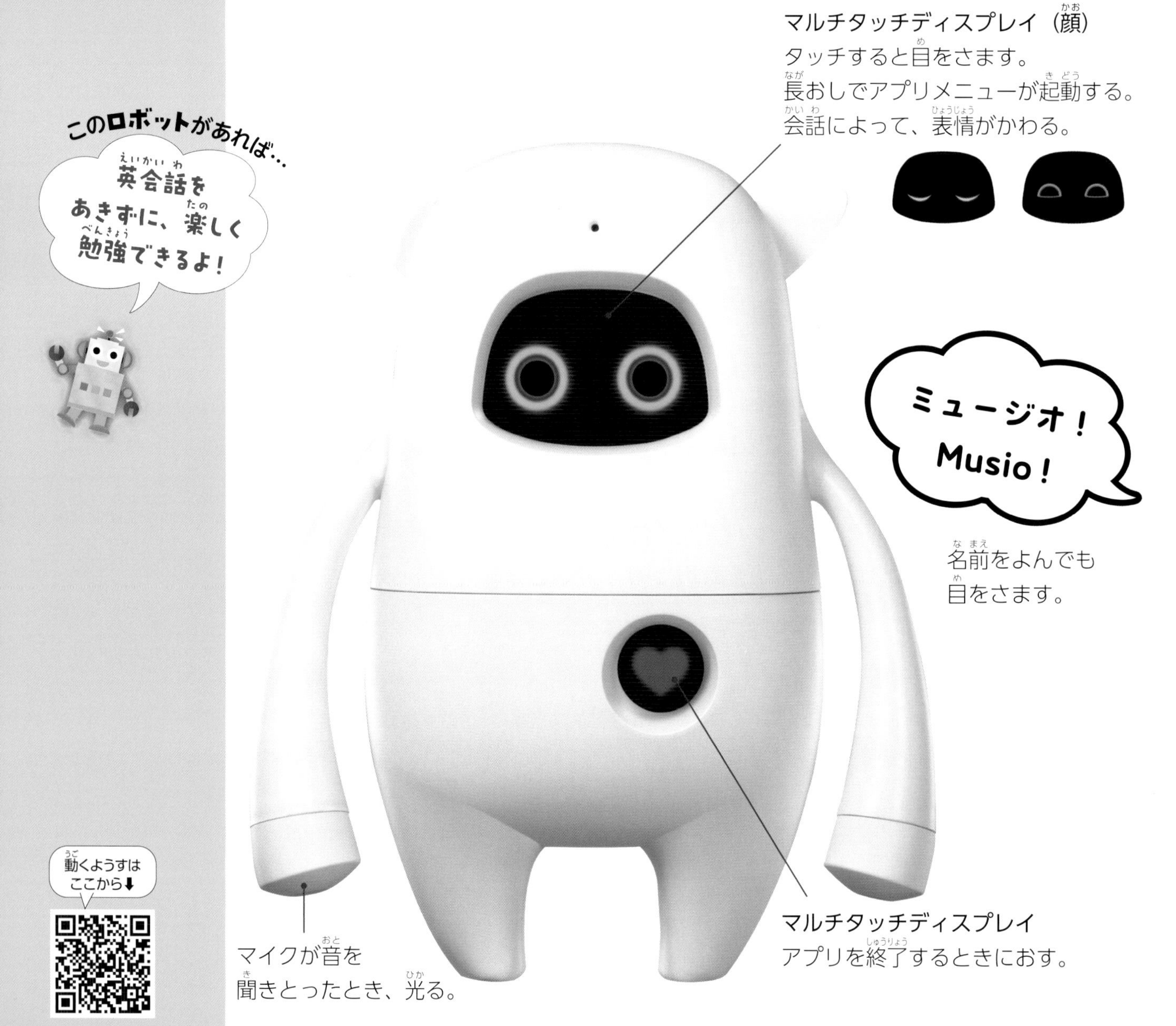

なにができるの？

音声で発音や意味を教えてくれる

このロボットは、日本語を話すと、それを英語にしてくれたり、英語の意味を日本語で教えてくれたりもします。

▲わからない英語の単語の意味をしらべる辞書機能の画面。

これができるよ!

話す人のレベルにあわせた会話をする

ロボットは、話す人のレベルにあわせた英語で答えてくれます。はじめて英語を学ぶ人でも、単語をおぼえるレベルからはじめることができます。

ロボットが話したことばをくりかえすと発音を評価してくれる

ロボットが話したことばを、実際にくりかえして発音すると、それを聞いたロボットは、その発音が正しいかどうか評価してくれます。

正しい発音ができるまで、なんども発音をくりかえしてくれるので、だんだんと正しい発音が身についてくるのです。

▲ロボットが話す。

Let's go to the beach together!

▲聞いて発音する。

Good job!
(いいね！)

Very nice!
(いいよ！)

Try again!
(もう1回言ってみよう！)

▲ロボットが発音を評価してくれる。

これはすごい! 英語の絵本を読みきかせてくれる

このロボットには、英語の絵本を読みきかせてくれるオプションの機能があります。聞きながすだけで、英語が自然に耳になじんでいき、「英語を聞きとる耳」が育ちます。

◀ロボットが英語で物語を読んでくれる。

人間そっくりの アンドロイド

人間そっくりの見ためのロボットは、ほかのロボットとどんなちがいがあるのでしょうか。いま、その研究がすすめられています。

見ためが人によくにたロボット

ひふや目やかみの毛までも人間そっくりのロボットを見たことがありますか？　このようなロボットを「アンドロイド」といいます。分身ロボット（→ 38 ページ）のように、人の形をしていても、ロボットとわかる見ためのものは「ヒューマノイド」といいます。

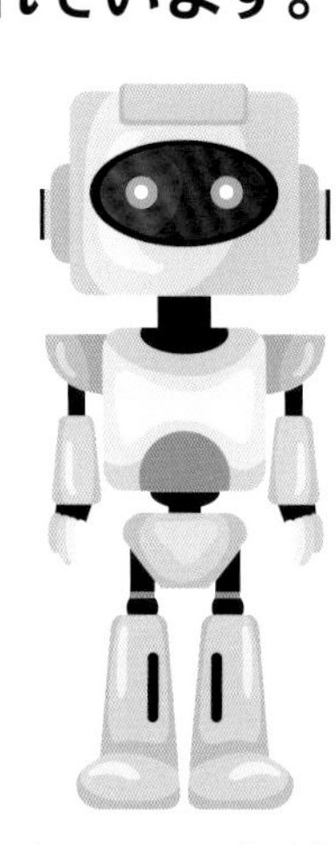
ヒューマノイド

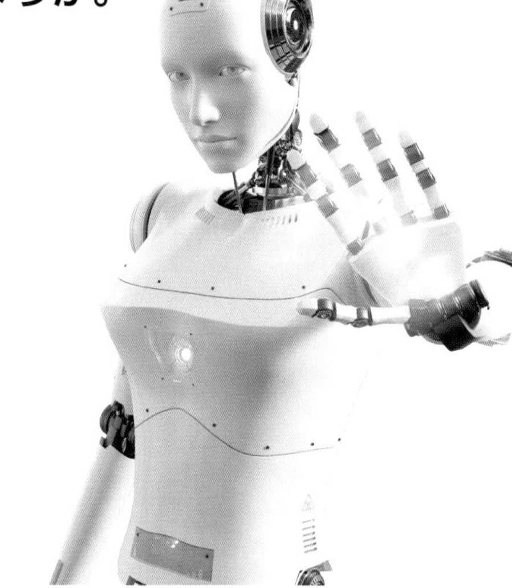
アンドロイド

アンドロイドをつくる目的は…？

ロボットの見ためを、人とそっくりにする理由はなんでしょうか？　アンドロイドをつくる目的は、大きくふたつにわけられます。

くらしの中で役だてるため

コミュニケーションの手だすけ

人と話をすることをむずかしいと感じる人が、まずはアンドロイドと話してみることからはじめられる。

宣伝など

人にそっくりなロボットがいると話題になり、注目をあつめるため、なにかを宣伝するときにつかうことができる。

人を研究するため

人の心を研究するため

人とロボットのちがいはなんだろう？　人の気持ちってなんだろう？　など、人とアンドロイドをくらべて、人の心を研究する。

話題になったアンドロイドたち

会話ができたり、人と同じような表情ができたりするアンドロイドがふえています。

ジェミノイドF

このアンドロイドが映画や演劇にも登場したことで、世の中にアンドロイドが広まるきっかけになりました。

写真／大阪大学

エリカ

音声を聞きとる技術がつかわれているため、人と自然に会話ができるアンドロイドです。

＊手前に写っている男性は、このアンドロイドの研究・開発をしている大阪大学の石黒浩教授。

写真／大阪大学

写真／二松学舎大学

漱石アンドロイド

明治時代の小説家・夏目漱石をモデルにつくられたアンドロイド。授業をしたり、夏目漱石の書いた本を声にだして読んだりするプログラムが入っています。

アンドロイドの研究でわかったこと

アンドロイドを研究したことで、顔に目・鼻・口があると、ロボットとわかっていても、人間っぽいので、人は親しみをおぼえることがわかりました。

反対に、人間のようだけど、さわった感じや体温が人とちがうロボットだと、人はぶきみに思ったり、こわいと感じたりしてしまうという研究もあります。

これからは、目と鼻と口がある、ちょうどいいくらいの人っぽさで、親しみやすさのあるロボットが、かつやくするかもしれません。

ROBOデータ

アザラシ型ロボット

パロ

[産業技術総合研究所／
マサチューセッツ工科大学]

開発国	日本・アメリカ
発売年	2005年（第８世代）
高さ	21cm
長さ	57cm
幅	25cm
重さ	約2.6kg

人の心をなごませ、いやしてくれる

セラピーロボット

セラピーロボットは、病院や高齢者福祉施設などにいる人の心を、いやしてくれるロボットです。人間は、動物とふれあうことで心がおちついたり、ストレスがかるくなったりすることがわかっています。動物を治療につかうことをアニマルセラピーといいますが、入院している人などは、なかなか本物の動物にふれることができません。そこで、アニマルセラピーと同じ効果のあるセラピーロボットが開発されました。セラピーロボットは、動物の動きや手ざわりが本物のように再現されています。

なにができるの？

これができるよ！

あいての心をおちつかせることができる

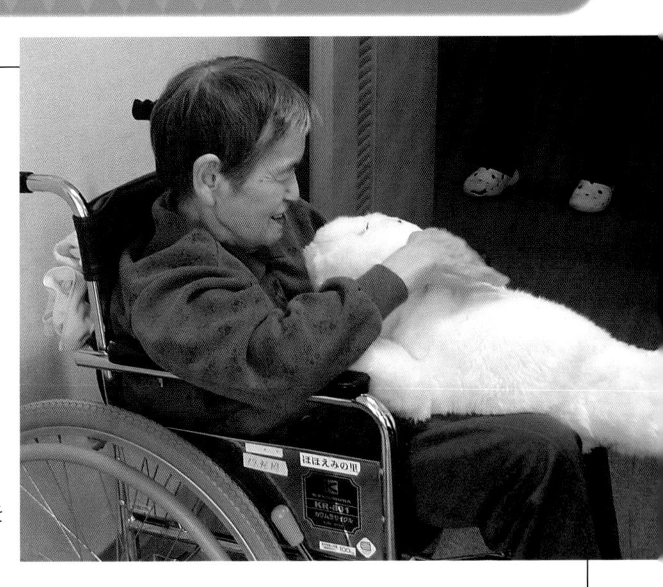

セラピーロボットは、あいてに名前をおぼえてもらい、よびかけられたり、ふれられたりするたびに反応するので、高齢者や患者さんは心がおちつきます。

セラピーロボット「パロ」は、2002年には、「世界でもっともセラピー効果のあるロボット」として世界記録にみとめられました。

▶セラピーロボットといっしょに生活をしたことで、病状がよくなった患者さん。

これができるよ！

どんな人も安全にだっこができる

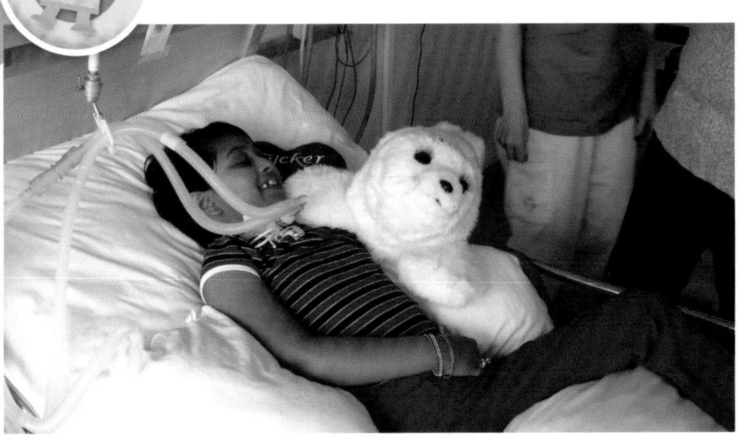

病室にロボットをもちこむには、清潔で安全でなければなりません。セラピーロボット「パロ」は、たくさんのきびしい基準に合格して、すべての部品にきけんな成分がふくまれず、ウイルスなどをへらす機能をそなえています。また、かんたんにはこわれないほどじょうぶなので、安心してさわることができます。

◀入院中の子どもをいやすセラピーロボット。

これはすごい！ 被災者、避難民もいやす。やがては宇宙にも…？

2020年ごろから世界中に広まった、新型コロナウイルスに感染した人は、ほかの人にうつさないために、はなれた場所で治療を受けなければなりませんでした。そのとき、このロボットが人びとのさみしい気持ちをいやして、よろこばれました。

災害などで避難してきた人びとの心もいやします。最近では、ロシアとの戦争で避難してきた、ウクライナの人びとのなぐさめにもなっています。いずれは、長い期間、宇宙ですごす宇宙飛行士の気分を、明るくすることなども期待されています。

▶ウクライナから避難してきた子どもたちにも大人気。

ROBOデータ

クララ
curara®
[AssistMotion]

開発国	日本
発売年	2021年
高さ	78cm
幅	45cm
奥行	27cm
重さ	2.9kg

歩くことを教えてくれる「着る」ロボット

歩行支援ロボット

歩行支援ロボットは、自分のあしで立って歩くことをたすけ、教えてくれるロボットです。事故や病気であしの不自由な人や、年をとってあしこしが弱ってしまった人の下半身にとりつけると、ひざやあしのつけ根の関節が動きやすくなるはたらきをして、人が歩くのをたすけます。ロボットはその人の歩くリズムを感知して、それにあわせて動くので、まるで人が手をひいてくれているようにあしが動き、歩く練習ができます。

このロボットがあれば…

あしが不自由な人も、自分のあしで、自分のペースで歩く練習ができるね。

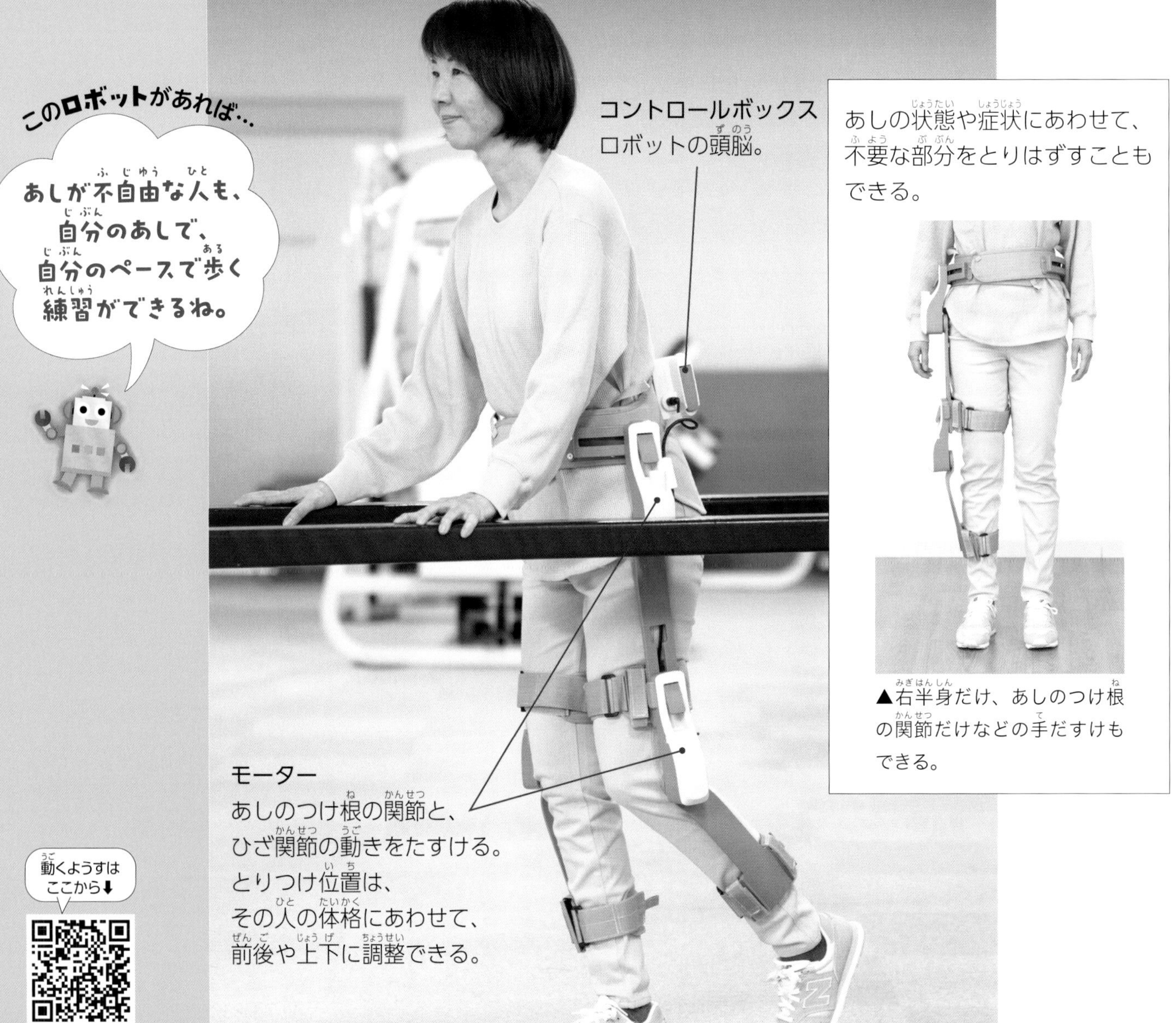

▲右半身だけ、あしのつけ根の関節だけなどの手だすけもできる。

動くようすはここから⬇

なにができるの？

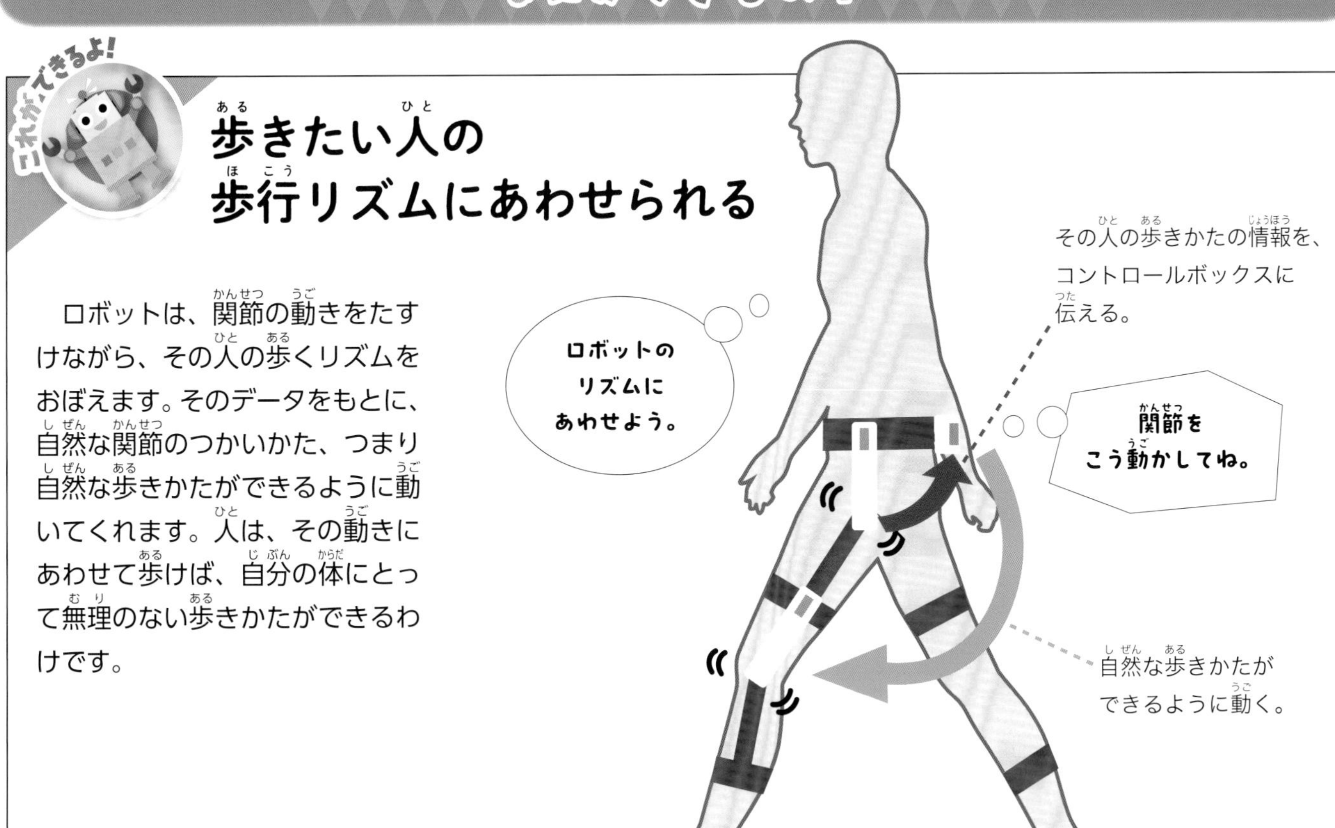

歩きたい人の歩行リズムにあわせられる

ロボットは、関節の動きをたすけながら、その人の歩くリズムをおぼえます。そのデータをもとに、自然な関節のつかいかた、つまり自然な歩きかたができるように動いてくれます。人は、その動きにあわせて歩けば、自分の体にとって無理のない歩きかたができるわけです。

歩きかたの変化を記録して報告してくれる

スマートフォンのアプリをつかうことで、歩きかたや関節のつかいかたの変化を記録してくれます。これによって、どのくらい歩けるようになったか、つぎはどんなトレーニングをすればよいかなどがわかります。

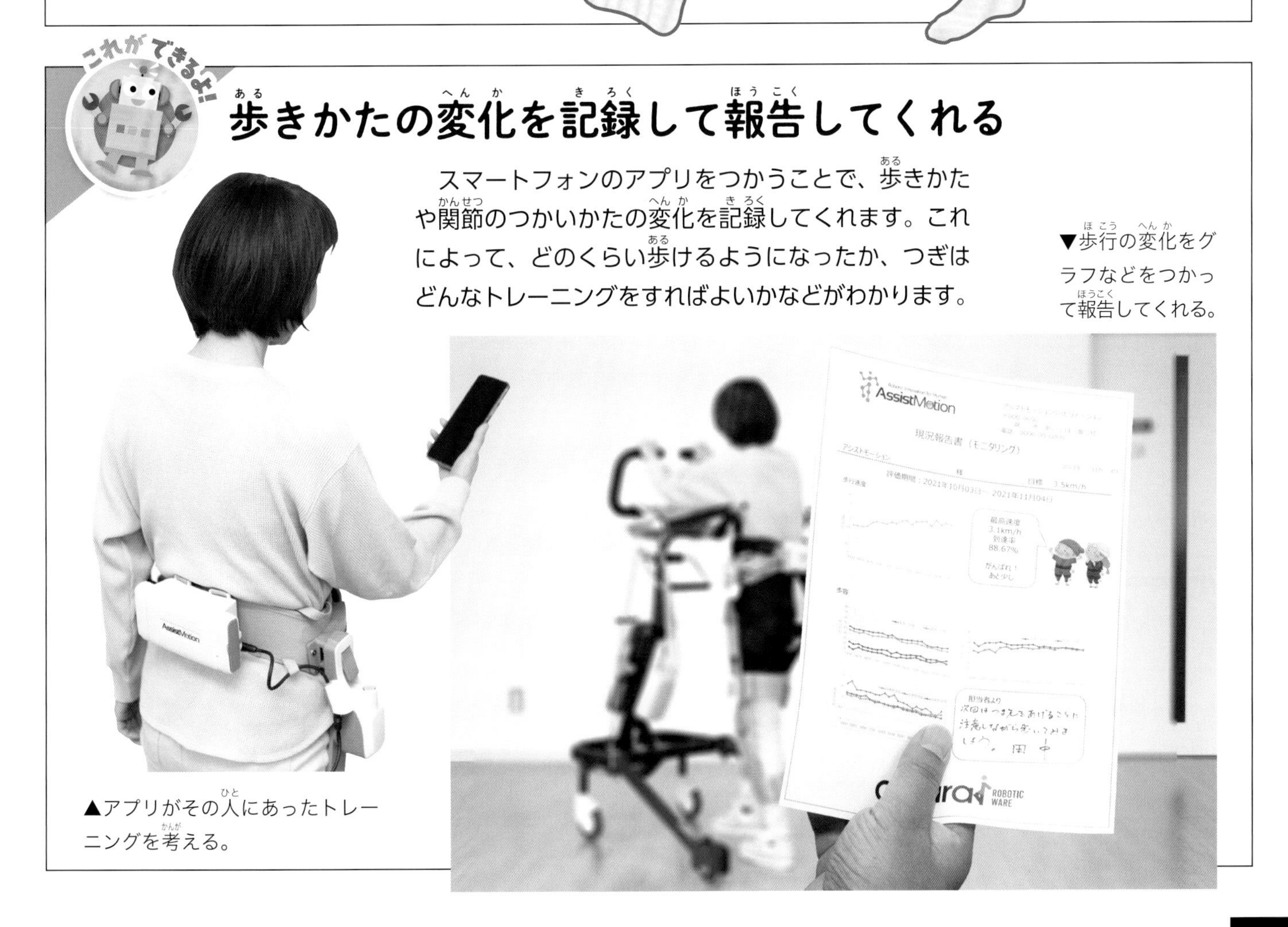

▲アプリがその人にあったトレーニングを考える。

▼歩行の変化をグラフなどをつかって報告してくれる。

福祉
ロボット

ROBO データ

パルロ
PALRO
[富士ソフト]

開発国　日本
発売年　2010年
高さ　約40cm
かた幅　18cm
重さ　約1.8kg

その人にあわせた話ができる
会話ロボット

会話ロボットは、でかけることがむずかしい人や、話をする機会が少ない人たちと、会話をすることができるロボットです。100人以上の顔と名前、話したことをおぼえられ、顔を見ながら、その人にあわせた会話をすることができます。

病院や介護施設で利用され、会話をしたり、いっしょに体操したりして、利用者を楽しませています。

はなれてくらす家族や、るすばんをしている子ども、ひとりぐらしのおとしよりなどのようすを、カメラを通して見守ることもできます。

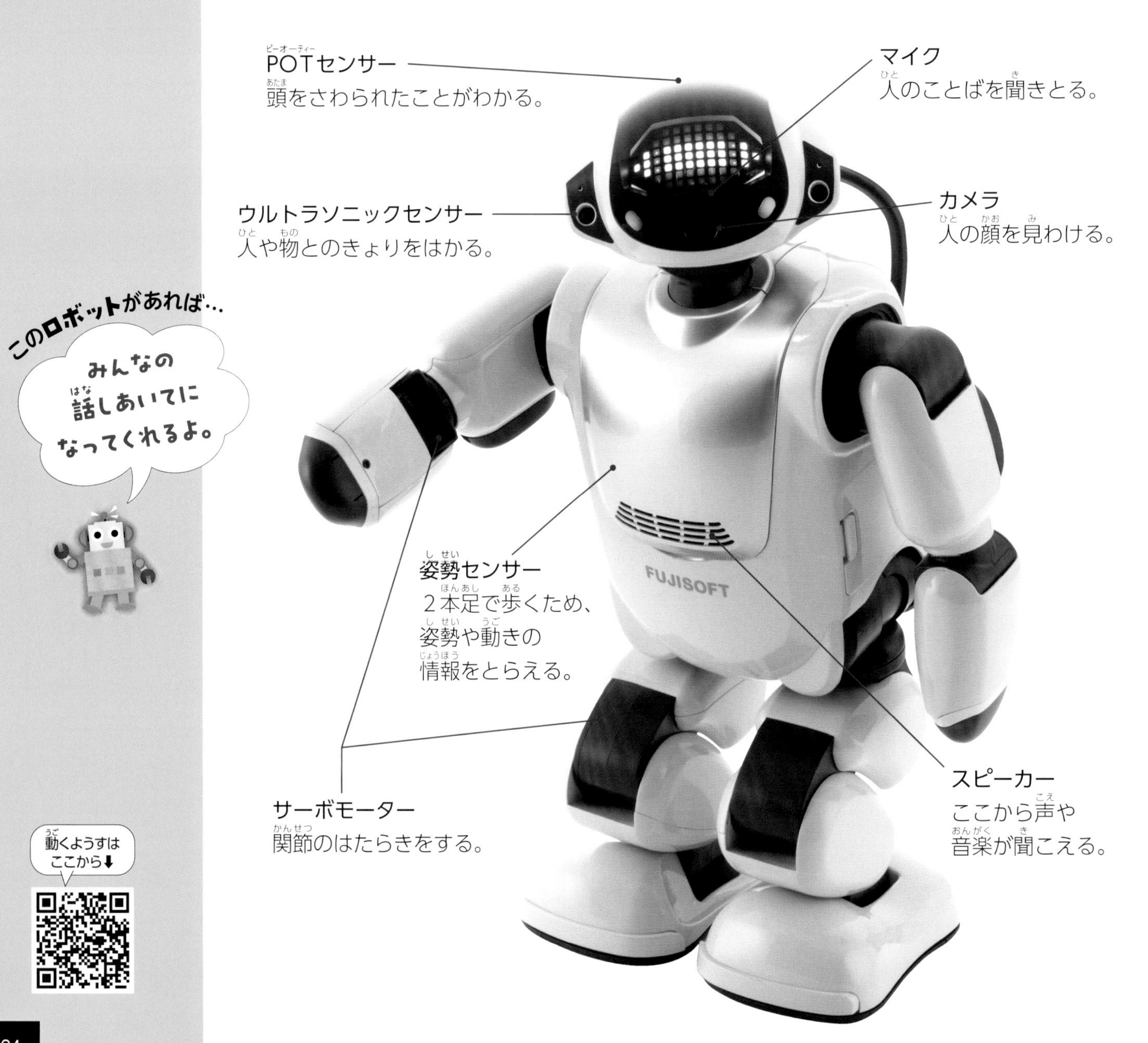

なにができるの？

レクリエーションで介護スタッフのお手伝いをする

高齢者福祉施設ではよく、かんたんな体操や、歌やクイズなどの「レクリエーション」をおこないます。会話ロボットは、介護スタッフのかわりにスタートの合図やかけ声をかけて、きまったレクリエーションのプログラムを進行することができます。

▲会話ロボットはインターネットを通じて、日々、あたらしいレクリエーションプログラムを手にいれて、おぼえることができる。

はなれてくらす家族を見守る

はなれてくらす家族が、このロボットとなにをしたかを、アプリを通じて知ることができます。また、家族に伝えたいことがあれば、内容と日時やタイミングなどをアプリに設定しておくと、ロボットがかわりに伝えてくれます。写真をとって送ってもらうこともできます。

家族の安全や健康が、はなれていても確認できるしくみです。

▲その日の予定を時間になったら知らせてくれたり、家族からのメッセージを伝えてくれたりする。

これはすごい！ その人のこのみや習慣をおぼえる

会話ロボットは、会話の内容を記憶して、その人のこのみや行動パターンをおぼえていきます。

また、インターネットを通してあたらしい話題などをとりいれていくので、その人がすきそうなあたらしい情報を教えてくれることもあります。

▲その日の予定を記憶して、声をかけてくれる。

▶以前の行動をおぼえていて、つぎにすることをていあんしてくれる。

目や耳やあしなど、体の機能を共有する
ボディシェアリングロボット

ROBOデータ

ボディ シェアリング ロボット

ニンニン

［オリィ研究所／NIN_NINチーム］

開発国	日本
発売年	非売品
高さ	12cm
長さ	18cm
幅	5cm
重さ	0.8kg

ボディシェアリングロボットは、「見る・聞く・歩く」などの体の機能を、ほかのだれかと共有（シェア）できるロボットです。

はなれている人に、カメラとマイクで映像と音声を伝えることで、体験を共有できます。たとえば、目の不自由な人が、このロボットをもって外に行き、けがなどで歩けない人が、ロボットについたカメラの映像を見ながら、マイクを通して道案内をする、といったことができます。自分ができることで、あいてのできないことをおぎないあうことができるのです。

なにができるの？

これができるよ！

だれかにかわりに旅行してもらえる！

病気やけがで、遠くに旅行に行けないとき、現地にいる人にボディシェアリングロボットをつけてもらえば、行きたかったところのようすを知ることができます。

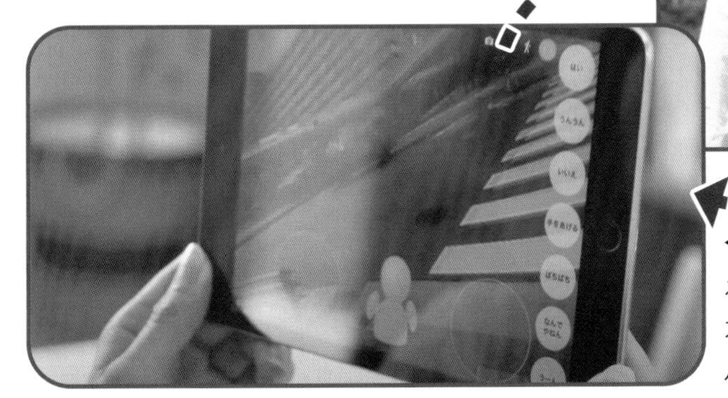

◀目とあしをシェアしてもらえば、その場にいなくても、カメラがとらえた映像をリアルタイムで見られる。

▲口をシェアしてもらえば、その場にいない人とおしゃべりをしながら楽しく歩ける。

これができるよ！

その場にいなくてもたすけあえる

このロボットを通して、べつの場所にいる人に、外のようすや音などの情報を伝えることができます。そのため、外でこまったことがあっても、はなれた場所から助けてもらうことができます。

▲目の不自由な人も、べつの場所にいる人に目をシェアしてもらえば、タクシーをとめられる。

▲口をシェアしてもらえば、ことばがわからない外国でも、つうやくをしてもらえる。

▲あしをシェアしてもらえば、これまで行ったことのない場所に行った気分になれる。

はなれた場所から動かせる分身ロボット

ROBOデータ

オリヒメーD
OriHime-D
[オリィ研究所]

開発国 日本
開発年 2018年
高さ 約120cm
重さ 約30kg

分身ロボットは、はなれた場所にいても、インターネットを通じて、まるで自分がそこにいるかのように、しごとをこなすロボットです。

前後の移動や回転、コーヒーカップのようなかるいものをはこぶことなどができます。そのほかにも、お客さんのあいてや、ビルの受付の案内のしごとなどでかつやくします。

いろいろな理由で、外出することができない人にも、しごとをすることを可能にするロボットです。

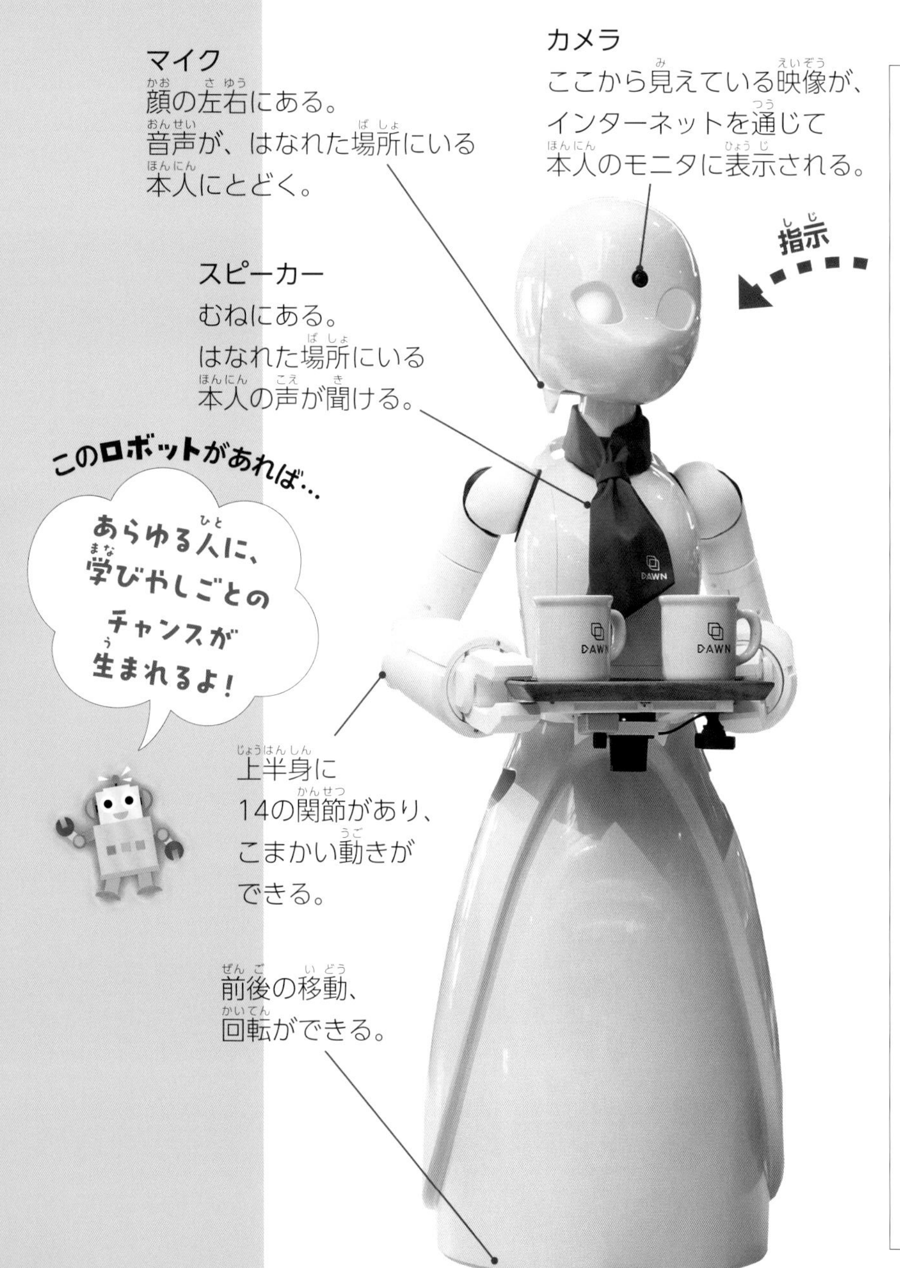

入力装置

体が動かなくても、画面上の文字を目で見ることで入力する「視線入力」、または、バーを動かして、必要な文字のところでスイッチをおす「スイッチ入力」で、分身ロボットに指示を送ることができる。

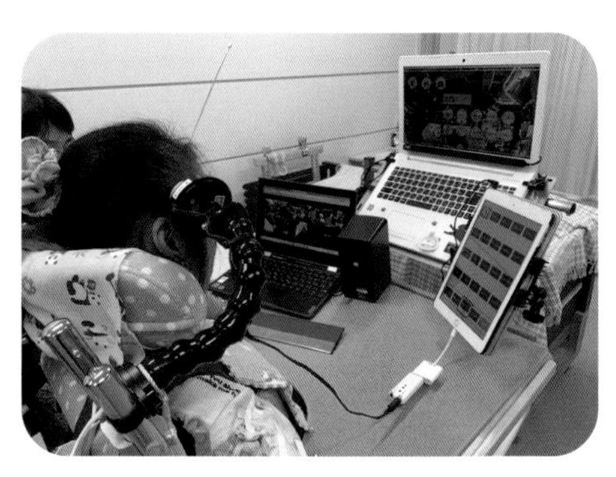

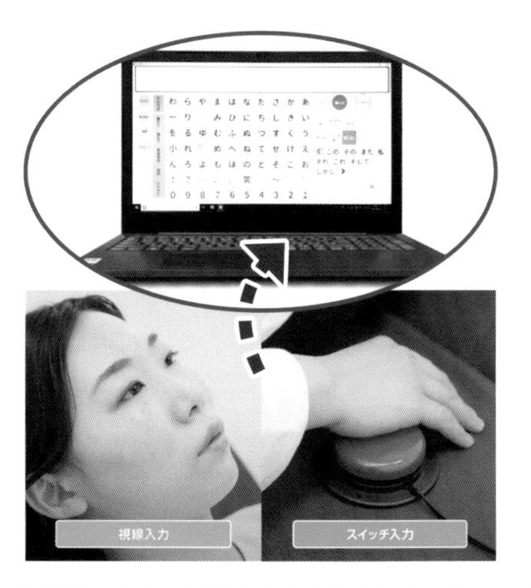

なにができるの？

入院中や、遠くの場所に住んでいる人が、学校の授業を受けられる

分身ロボットには、上半身だけのタイプもあります。小さいのでもちはこびがかんたんで、いろいろな場所に行くことができます。

たとえば学校に行けない子も、ロボットをつかって教室にいる子たちといっしょに先生の話を聞き、自分の意見をいえたり、友だちと会話できたりもします。

◀教室での分身ロボット。家からでも、まわりのようすを感じながら授業に参加できる。

だれでもテレワークが可能になる

体の不自由な人はもちろん、育児や介護などの理由で、あるいははなれた島や海外などに住んでいて、職場に行くことができない人もテレワークが可能になります。分身ロボットによって、その場所に行くことができない人でもはたらけるようになり、人とかかわりながらすごすことができるのです。

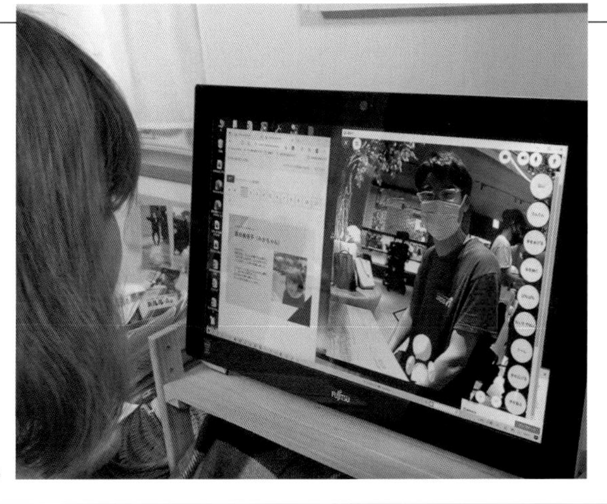

▶遠くでおこなうしごとも自宅でできる。

もっと知りたい! 分身ロボットがはたらくカフェがある！

分身ロボットがお客さんのあいてをするカフェが東京にあります。関西の病院に入院中の人、オーストラリアで子育て中の人、日本中をとびまわっている人など、さまざまな事情でその場に行けない人がかつやくしています。分身ロボットがいるお店や会社が、めずらしくなくなる日も近いかもしれません。

▲本人の顔写真つきの名札をつけている。

▲分身ロボットカフェ「DAWN」。

福祉
ロボット

ROBOデータ

アシストスーツ
ジェイパス
フレアリー
[ジェイテクト]

開発国　日本
発売年　2021年
高さ　86cm*1
重さ　約1.6kg*2

*1 Mサイズ・すねパッドをのぞく。
*2 装具をのぞく。

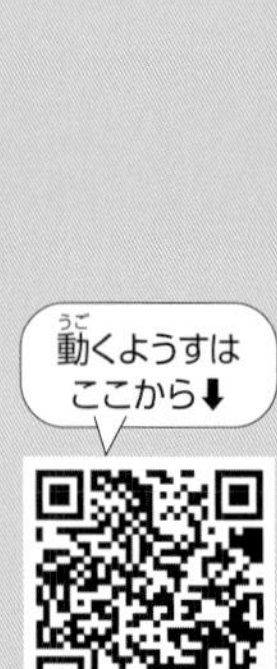

介護する人に電動で力をかしてくれる
介護支援ロボット

介護支援ロボットは、「介護する人」に力をかしてくれるロボットです。エプロンのような形をしています。これを着て人をおこしたり、だきかかえたりすると、モーターが動いて、介護する人に力をかしてくれます。介護は、力しごとが多く、こしをいためてしまうことがよくあります。介護支援ロボットを着ることで、介護する人の体もけがから守ることができます。

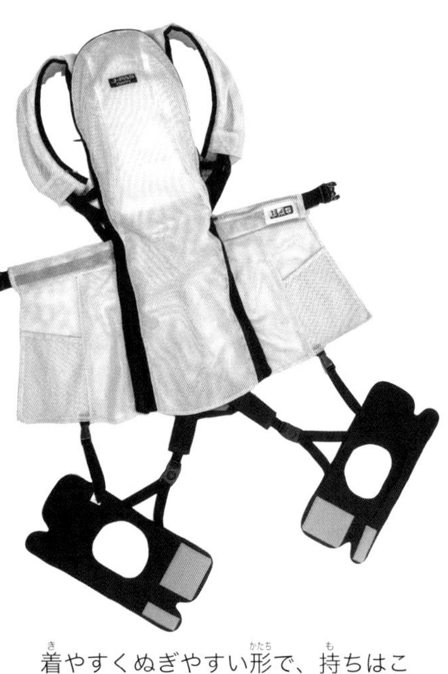

着やすくぬぎやすい形で、持ちはこびやせんたくもかんたんです。

なにができるの？

ひっぱる力で体がらくに動く

介護支援ロボットは、介護する人がまっすぐ立っているときに、うしろにひっぱる力をかしてくれます。また、前にかがんだときも、うしろにひっぱる力をかしてくれます。

立っているとき

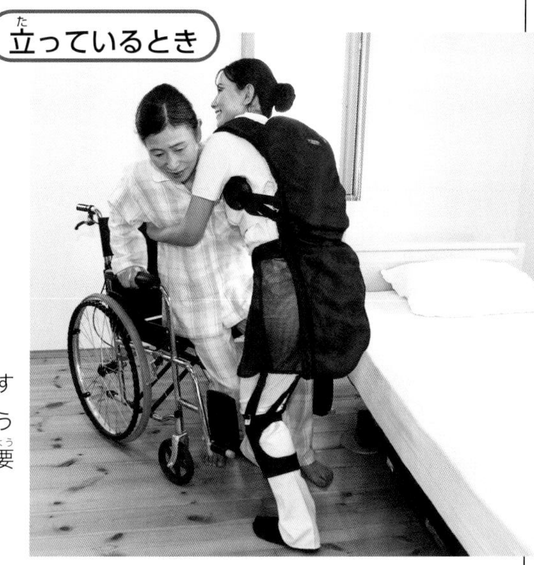

▶ベッドにいる人を車いすにうつすときのように、うしろに引きあげる力が必要な場合にらくになる。

力をたすけてくれるしくみ

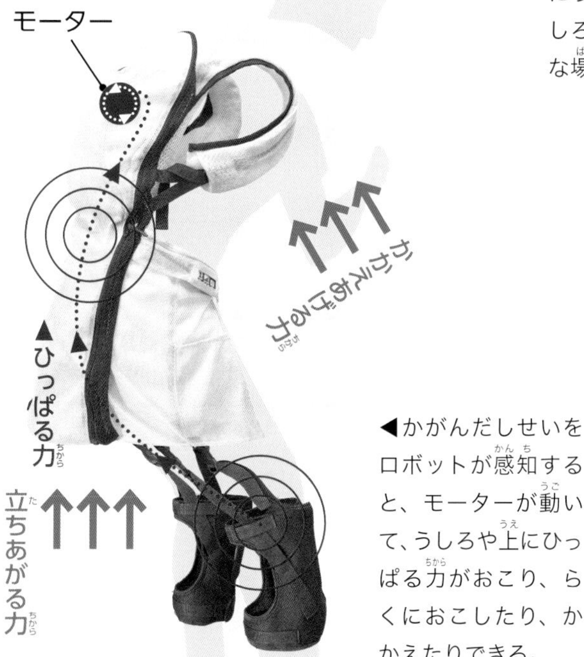

◀かがんだしせいをロボットが感知すると、モーターが動いて、うしろや上にひっぱる力がおこり、らくにおこしたり、かかえたりできる。

かがむ作業のとき

◀ねている人をおこす作業や、おふろでからだをあらってあげる作業などがらくになる。

これはすごい！ 着たままほかの作業もできる

介護支援ロボットは、スイッチが入っているかぎり、いつでも動けるように力がはたらいています。そのため、これまでの介護支援ロボットなら、たすけが必要ない場面ではぬがないと、重さを感じて、ぎゃくにつかれてしまっていました。

しかし、このロボットは、スイッチをきりかえて、フリー動作モードにすれば、ひっぱる力がはたらかなくなり、着たままでもぬいでいるときと同じ状態になるので、何回も着たりぬいだりする必要がありません。

▶フリー動作モードでの作業のようす。

福祉
ロボット

歩くことができない人の移動をたすける
移動支援ロボット

ROBOデータ

ケイプーSb
[アイザック]

開発国	日本
発売年	2021年
高さ	最大116.5cm
長さ	75cm
幅	60.5cm
重さ	55kg

移動支援ロボットは、ベッドから車いすに乗りうつるときや、車いすで移動するときに、たすけてくれるロボットです。車いすとちがうのは、ロボットによりかかるようにして、前むきのまま乗りうつれることです。これによって、自分の力だけでロボットに乗りうつり、すきなところに移動することもできます。

ロボットへの乗りうつりを、人が手伝うときでも、体をささえて向きをかえさせる必要がないため、手伝う人がこしをいためることなく、楽に作業ができます。

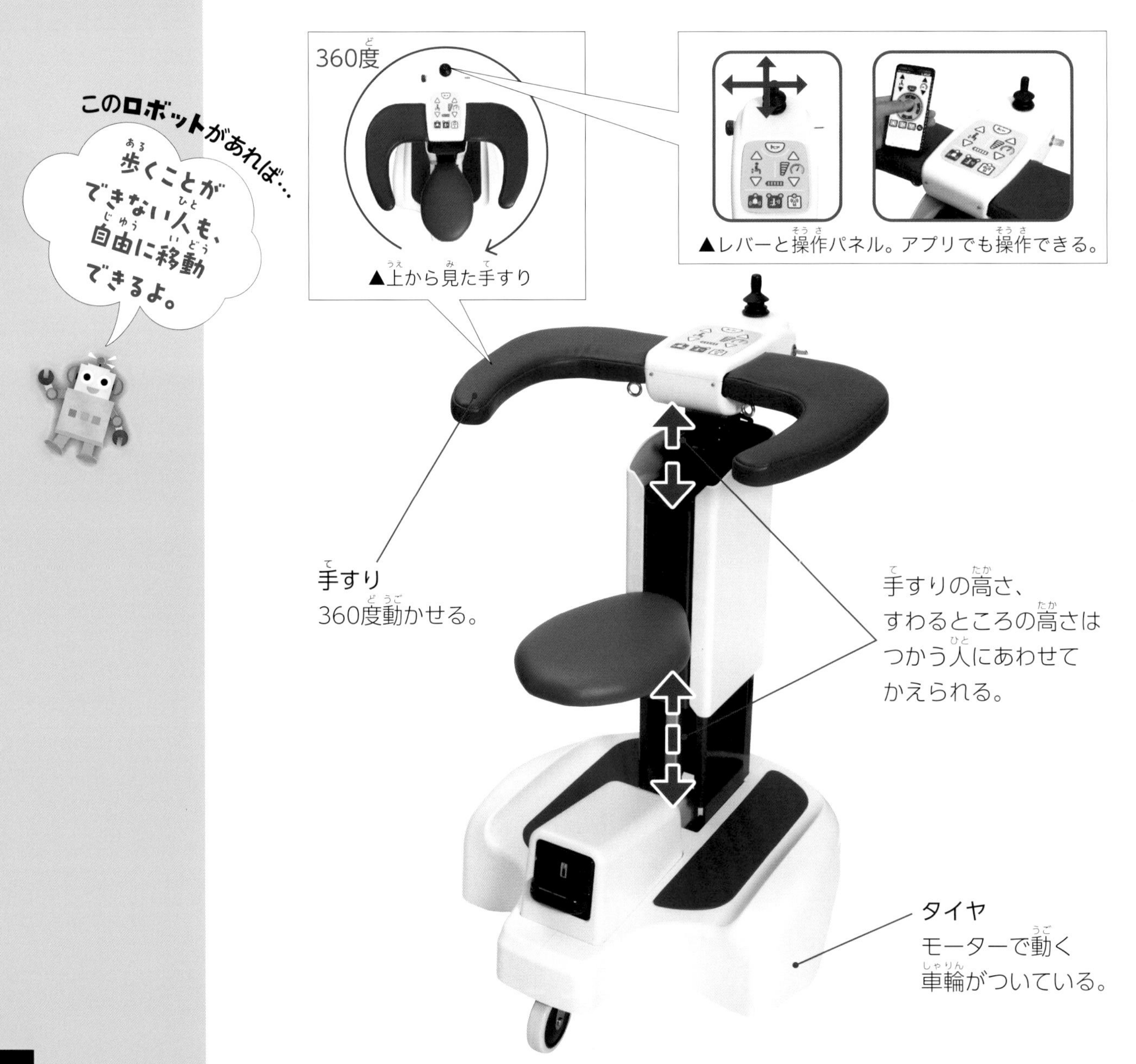

▲上から見た手すり

▲レバーと操作パネル。アプリでも操作できる。

手すり
360度動かせる。

手すりの高さ、すわるところの高さはつかう人にあわせてかえられる。

タイヤ
モーターで動く車輪がついている。

なにができるの？

これが、できるよ！

おとしよりでもかんたんに動かせる

移動支援ロボットは、ボタンとレバーだけで動かすことができます。前にすすみたければレバーを前にたおす、といったように、だれでもかんたんにできます。

▶人が乗ったところ。

これはすごい！ ねたきりをふせいで、利用者がやる気になる

ふつうの車いすだと…

一度おしりの向きをかえないとすわれない。

これまでだと、ベッドから車いすに乗りうつるとき、うしろ向きですわるので、しりもちをついて、こしを打ってしまうなどのきけんがありました。人がたすけるときは、人の体は重いので、たすける人がこしをいためてしまうことがよくありました。

そのことで、介護される人がおきあがる気持ちをなくしたり、動くのをがまんしたりしてしまうと「ねたきり」の状態につながってしまいます。

移動支援ロボットの場合

こしかけたまま、前向きに乗りうつれる。

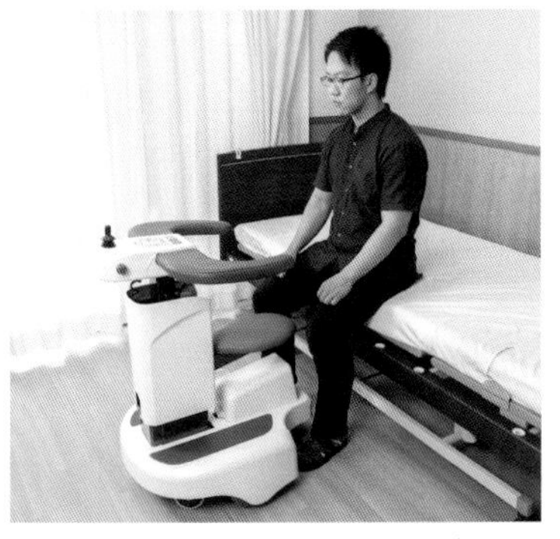

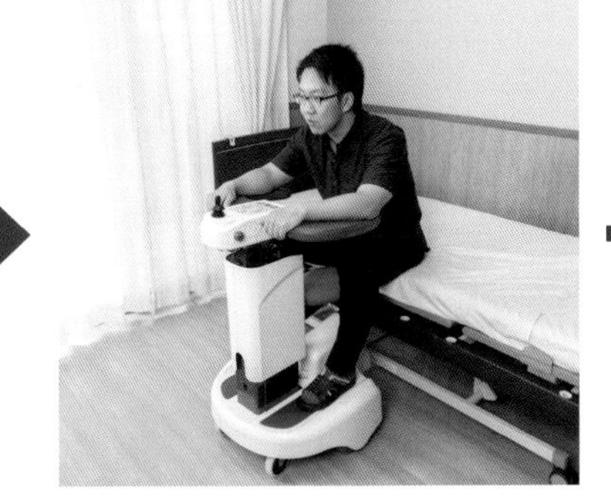

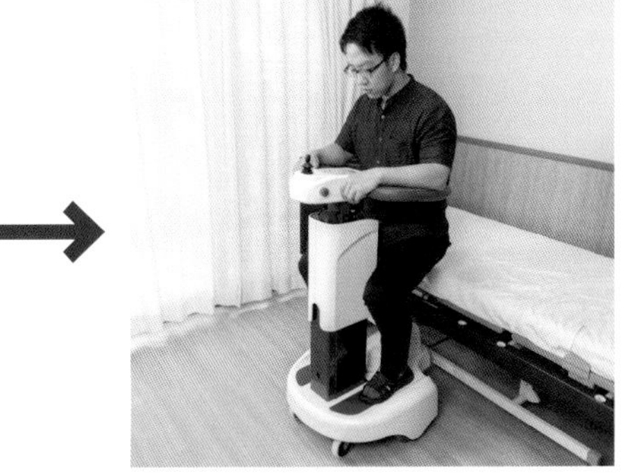

移動支援ロボットは、自分の力で乗りうつることができるので、移動することにたいしてやる気がわいてきます。行けなくなっていたところに自由に行けるようになることで、つかう人の気持ちがかるくなることも期待されています。

◀すわるところの高さをかえられるので、高いところにも手がとどく。

弱い
ロボット

人にごみをひろわせたくなる
ごみ箱ロボット

ROBOデータ

ソーシャル トラッシュ ボックス
[豊橋技術科学大学]

開発国　日本
開発年　2019年
高さ　40cm
長さ　30cm
幅　30cm
重さ　4kg

ごみ箱ロボットは、ごみを見つけることはできるけれど、自分ではそのごみをひろえないロボットです。ごみを見つけると、よたよたとたよりなく動いて、ごみの近くまで行って止まります。それを見た人は、思わずそのごみをひろい、ごみ箱の中に入れたくなるのです。人がごみを中に入れてあげると、かるくおじぎをしてお礼を伝えます。

センサー
ごみが入ったことを感じとるセンサーもついている。

カメラ
人の顔やごみを見つける。

ホイール
ふたつがかわりばんこに動くため、よたよたと歩く。

このロボットがあれば…
協力してなにかをする楽しさを感じられるよ。

なにができるの？

これができるよ！

たすけたくなる気持ちを引きだす

ごみ箱ロボットは、なんでもできるすぐれたロボットではありません。あえていうと、ロボットだけど「できないこと」があるので、それをさらけだし、まわりの人間の「たすけたくなる気持ち」をじょうずに引きだしてくれるロボットなのです。

▶「ごみをひろってほしいのかな？」といったように、こまっている人の気持ちがわかるようになる。

動くようすはここから⬇

人に教えてもらいながらむかし話をしてくれる
むかし話ロボット

ROBOデータ

トーキング・ボーンズ
[豊橋技術科学大学]

開発国	日本
開発年	2017年
高さ	30cm
長さ	20cm
幅	20cm
重さ	1.5kg

このロボットがあれば…
だれかをたすけるよろこびを感じることができるよ。

これは「桃太郎」などのみんなが知っているむかし話を語り聞かせてくれるロボットです。ときどき物語の一部をわすれてしまうことがありますが、まわりの人が教えてあげると、お話をつづけてくれます。教えてあげた人がうれしい気持ちになれるロボットです。

なにができるの？

これができるよ！

手だすけすることで、自分も学べる

このロボットをつかうと、できないことを手伝ってあげる役目をはたすことができます。ロボットの手だすけをしてあげることは、自分の学びにもつながる効果があります。

▲ことばをわすれてこまっているロボットをたすけてあげられる。

もっと知りたい！ たすけてあげたい「なかま」もいる

むかし話ロボットには、なかまもいます。みんな、コミュニケーションのきっかけをつくってくれたり、「手をかしてあげたい」というやさしい気持ちを引きだしてくれたりする「弱いロボット」とよばれるなかまたちです。

▲3体がないしょ話をする「ポケボーキューブ」。

▲ポケットの中で、まわりのようすをうかがう「ポケッタブル・ボーンズ」。

▼ティッシュを配りたくてモジモジしている「アイ・ボーンズ」。

動くようすはここから⬇

あとがき
ロボットのいるくらし

この巻では、家、お店、病院、施設などでかつやくする、くらしをささえるロボットをしょうかいしてきました。

いま、そうじ機ロボットをつかう家庭がふえ、心をいやすロボットが病院でかつやくするようになっています。ペットを飼いたくても飼えない人が、ペットロボットとくらして、そのロボットがこわれたときにおそう式をした、という話もききます。

一方で、家庭でつかう家電製品も、冷蔵庫内に入れた食品の量にあわせて、冷やす力をかえたり、材料をなべに入れると、自動で調理をしてくれたりと、役だつかしこい機械に進化しています。これらの家電製品も、ロボットとよんでよいでしょう。

現在、このようなかしこいロボットをあつめて、人が快適にくらせるようにする「スマートホーム」の研究がすすめられています。これを実現するためには、研究をかさねて、技術を生みだしていくことがかかせません。そしてなにより、人によりそうロボットとはなにかを、ふかく考えなければなりません。

あなたもロボットとどのようにくらしていきたいか、家族や友だちと話してみてください。

ロボットのことがくわしくわかるしせつ

みんなもロボットに会いに行ってみよう。

日本科学未来館

コミュニケーションやいやしを目的につくられたロボットとふれあえる展示があります。

〒135-0064 東京都江東区青海 2-3-6
国立研究開発法人科学技術振興機構　日本科学未来館

サイエンス・スクエア つくば

ロボット研究につかわれてきたロボットやアザラシ型ロボットのパロなどが展示されています。

〒305-8561 茨城県つくば市東 1-1-1
国立研究開発法人産業技術総合研究所つくばセンター

ロボテラス

くらしをたすけるロボットや、いっしょにいるだけで楽しくなるロボットなど、たくさんのロボットを展示しています。

〒251-0041 神奈川県藤沢市辻堂神台 2-2-1 アイクロス湘南 3階
公益財団法人湘南産業振興財団　ロボテラス

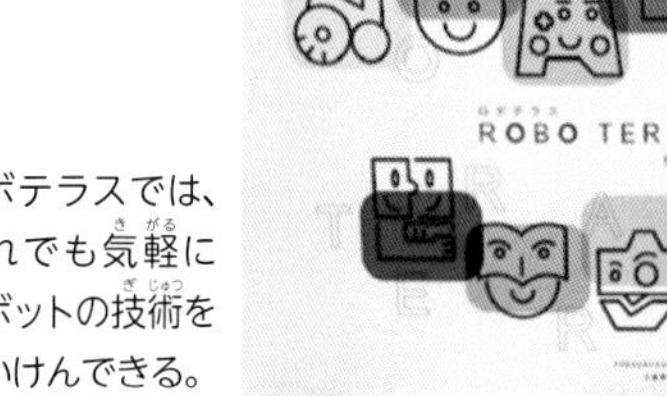

ロボテラスでは、だれでも気軽にロボットの技術をたいけんできる。

ロボットさくいん

●監修　佐藤知正（さとう ともまさ）

東京大学名誉教授。1976年東京大学大学院工学系研究科産業機械工学博士課程修了。工学博士。研究領域は、知的遠隔作業ロボット、環境型ロボット、ロボットの社会実装（ロボット教育、ロボットによる街づくり）。これまでに日本ロボット学会会長を務めるなど、長年にわたりロボット関連活動に携わる。

●協力　青山由紀（筑波大学附属小学校）

●編集・制作　株式会社アルバ

●執筆協力　青木美登里

●イラスト　園りんご（p4～7）、小坂タイチ

●デザイン　門司美恵子（チャダル108）

●DTP　関口栄子（Studio porto）

●校正　株式会社ぷれす

●記事協力　石黒浩（大阪大学基礎工学研究科教授、ATR石黒浩特別研究所客員所長）/p30-31

●写真・資料協力（敬称略）

アイロボットジャパン、アンカー・ジャパン、ホボットテクノロジー、ホボットジャパン、モトヤ、ハスクバーナ・ゼノア、トヨタ自動車、GROOVE X、サニーサイドアップ、ソニーグループ、三菱電機、シャープ、日立グローバルライフソリューションズ、アイリスオーヤマ、Cerevo、バイバイワールド、AKA、大阪大学 石黒浩、二松学舎大学、産業技術総合研究所、マサチューセッツ工科大学、AssistMotion、富士ソフト、幹人会 ユニット菜の花、オリィ研究所、NIN_NINチーム、SOLAN学園瀬戸SOLAN小学校、ジェイテクト、アイザック、豊橋技術科学大学 岡田美智男

ロボット大図鑑（だいずかん）　どんなときにたすけてくれるかな？①
くらしをささえるロボット

発　行　2024年4月　第1刷　　2024年12月　第2刷

監　修　佐藤知正
発行者　加藤裕樹
編　集　崎山貴弘
発行所　株式会社ポプラ社
〒141-8210　東京都品川区西五反田3-5-8　JR目黒MARCビル12階
ホームページ　www.poplar.co.jp（ポプラ社）
kodomottolab.poplar.co.jp（こどもっとラボ）
印　刷　大日本印刷株式会社
製　本　株式会社ブックアート

ISBN978-4-591-18080-8/N.D.C.548/47P/29cm

P7247001

●このロボットがあれば、
（どんなときに、なにができるかな？）

おじいちゃんがひまなとき、いっしょに話したり、たいそうをしたり、うたをうたったりすること

が、できます。

●あなたはしょうらい、どんなロボットがあったらいいと思いますか？
（あなたが、あったらいいなと思うロボットを考えて、書いてみましょう）

ほうかごのサッカーで、いっしょにサッカーをしてくれるロボットがあったらいいと思います。人数がたりなくて、サッカーのしあいができないとき、このロボットがあれば、いつでも人数がそろって、しあいができるからです。

●自分や友だちや家族が、なにかこまっていることはないかな？　こまりごとをかいけつしてくれるロボットを考えてみよう。

●「こんなロボットがあったら楽しそう！」というロボットを考えてみてもいいよ。

ロボットが、どんな場面で、なにをしてかつやくするか書こう。

たとえば

●ひとりでるすばんをしているときに、話しあいてになること

●道にまよったときに、案内をしてくれること

●配達をする人がたりないときに、かわりににもつをとどけてくれること

など。

すきなロボットについてしょうかい文を書いたら、友だちと説明しあおう。